高等院校艺术设计专业精品系列教材

PhotoshopCC
中文版标准教程

宗 林 陈照国 耿雪莉 **编著**

U0242317

总主编

肖 勇

中国轻工业出版社

图书在版编目（CIP）数据

PhotoshopCC中文版标准教程 / 宗林，陈照国，耿雪莉编著. —北京：中国轻工业出版社，2024.7

ISBN 978-7-5184-2232-6

Ⅰ. ①P… Ⅱ. ①宗… ②陈… ③耿… Ⅲ. ①图像处理软件—教材 Ⅳ. ①TP391.413

中国版本图书馆CIP数据核字（2018）第256434号

内 容 提 要

PhotoshopCC中文版标准教程是Adobe Photoshop CC软件的正规学习用书，该书共分8章，从Adobe Photoshop的发展历程与安装教程开始讲起，以循序渐进的方式依次讲解了软件的基本操作方法、图片区域的选取、图层的运用方法、色彩的调整与修饰、蒙版与通道、路径矢量工具、文字、滤镜等软件的运用技巧。本书语言通俗易懂，内容丰富多彩，通过准确的描述与讲解让即使是初学者也能够轻松掌握Photoshop处理技巧。

本书适合普通高等院校设计专业教学使用，同时也适合各类培训班学员及广大自学人员参考学习。

本书附PPT课件、教学视频、素材二维码。

责任编辑：李 红　　责任终审：孟寿萱　　整体设计：锋尚设计

策划编辑：王 淳　　责任校对：吴大朋　　责任监印：张 可

出版发行：中国轻工业出版社（北京鲁谷东街5号，邮编：100040）

印　　刷：艺堂印刷（天津）有限公司

经　　销：各地新华书店

版　　次：2024年7月第1版第5次印刷

开　　本：889×1194　1/16　印张：8.5

字　　数：250千字

书　　号：ISBN 978-7-5184-2232-6　定价：49.50元

邮购电话：010-85119873

发行电话：010-85119832　010-85119912

网　　址：http://www.chlip.com.cn

Email：club@chlip.com.cn

前言
PREFACE

Photoshop 是 Adobe 公司开发的图像处理软件，该软件功能强大，使用范围广泛。因其强大的图像处理功能、亲切的操作界面和灵活的可扩展性被广大使用者所钟爱。作为世界标准的图像编辑解决方案，Adobe Photoshop 在创新、能力、精确性及稳定性各方面的杰出表现都是其对手所难以企及的。

随着社会的发展现在 Photoshop 已成为众多行业必不可少的操作软件，平面设计、园林景观设计、室内设计、网页设计、手绘插画、服装设计、UI 设计、建筑设计等都需要对其进行学习。《中文版 PhotoshopCC 标准教程》现已成为高等及高职院校众多专业必修的一门计算机软件技能课。Photoshop 的学习不仅是一门技术课程也是一门艺术课程，在学习中不仅要有较强的计算机操作技术同时也需要学习者具备一定的美术功底。正因为如此，所以在教学中应该抛弃传统的教学观念及枯燥的教学方法以及呆板的教学评价方式。本教材就是为了让读者在轻松愉悦、生动活泼的学习氛围中深入地学习这款软件，提升图像处理水平，享受学习乐趣。

随着时代的发展计算机技术越来越频繁的被人们所使用，而人们对于计算机的要求理所当然的也越来越高。同样对于图片的处理人们也不再满足其单一的形式，对于一张图片人们也对它有了不同的要求，这时 Photoshop 的出现满足了大家对于图片的期许，因为其强大的功能能够满足不同的人对于图片的各种要求，因此 photoshop 被广泛的应用在各行各业中，所以学习这门课程是非常必要的。

Photoshop 现已成为高等及高职院校众多专业必修的一门计算机软件技能课，因为它的特殊性所以学生们在学习时不仅只是学习课本上的理论知识而且还要拥有一定的美术功底及具备一定的鉴赏美的能力，在学习时与传统的教学不同，学习 Photoshop 可以将网络流行元素加入自己的创作中，这样不仅能激发学生的学习兴趣同时也能创作出意想不到的优秀作品。在学习过程中，学生可以通过教师所举的一些实际案例，自己动手完成图片的细化处理，真正做到将理论与实践相结合。

Photoshop 的操作难度不大，但是在一些方面如果想深入的学习就需要一本好的指导书带你走进 Photoshop 的大门。但最重要的还是在掌握技术的同时要加强自身的艺术素养，在学习别人的优秀作品之后能够创作出自己的作品。

本书在编写过程中得到以下同仁的帮助，感谢他们提供的素材资料：柯玲玲、蒋林、汤留泉、彭积辉、钱圳红、邱迎燕、石强、帅婵、孙磊、王鹏、王祺、王思艺、王志林、王子乐、翁欣悦、肖吉超、肖伟、颜海峰、杨洋、余沛、余嗣禹、张婷、张圆、赵甜甜、赵维群、周洲、朱玉琳、王宇星、郑坚、蔡壮。

武昌理工学院　宗林

目 录
CONTENTS

PPT 课件　　　本章素材

学习难度：★ ☆ ☆ ☆ ☆
重点概念：发展、功能、应用

第一章
认识
PhotoshopCC

◀ 章节导读

　　Photoshop是迄今为止世界上最畅销的图像编辑软件，并且是许多涉及图像处理行业的标准，它在图形、图像、出版等多个行业都有涉及。本章主要介绍PhotoshopCC的基本概况，熟悉该软件的用途与性能，为后期深入学习打好基础。重点在于掌握了解新增功能，建立随时查阅帮助中心的习惯。（图1-1）。

图1-1　PhotoshopCC 启动界面

第一节　应用领域

一、平面设计

　　平面设计是Photoshop应用最为广泛的领域，在平面设计与制作中的各个环节中都需要使用Photoshop对其中的图像进行合成、处理。Photoshop是平面设计师不可缺少的软件。

二、数码摄影后期处理

　　Photoshop作为最专业的图像处理软件，可以轻松完成从输入到输出的一系列工作，包括校色、修复、合成等。

三、插画设计

由于Photoshop具有良好的绘画与调色功能，很多人开始采用电脑图形设计工具创作艺术插图，插画已经成为青年人表达文化意识形态的利器。

四、网页设计

制作网页时Photoshop是必不可少的网页图像处理软件。使用Photoshop设计制作出网页页面后，再使用Dreamweaver进行处理，加入动画内容，一个互动的网站页面即可生成。

五、界面设计

计算机硬件性能的不断加强和人们审美情趣的不断提高，软件、游戏、手机等的界面设计也变得备受重视，此领域Photoshop扮演着非常重要的角色。

六、动画与CG设计

使用3ds Max、Maya等三维软件做出精良的模型后，不为模型赋予逼真的贴图，是无法得到较好的渲染效果的。使用Photoshop制作的人物、场景等贴图效果逼真，还会提高渲染效率。

七、绘画与数码艺术

Photoshop具有强大的图像编辑功能，为绘画和数码艺术爱好者的创作提供了无限的可能，随心所欲的修改、合成、替换使大量想象力丰富的作品被创作出来。

八、效果图后期制作

使用三维软件渲染出的效果图大多要在Photoshop中进行后期处理，例如调节画面颜色、对比，添加人物、植物等装饰品，这样不仅提高了渲染的效率，也使效果图更加精美。

－ 补充要点 －

Photoshop一直以来都是用于平面设计、图像处理等专业领域，随着计算机的普及才开始进入家庭，越来越多的非专业个人开始使用这一专业软件，相对于操作更简单的其他"傻瓜"图像软件而言，Photoshop的功能更齐全，能满足更多个性化应用，且学习起来也不是很难。近年来，PhotoshopCS不断在更新，上手门坎一降再降，凡是购买了数码相机的家庭消费者、青年学生、摄影爱好者都在学习Photoshop，而且都能掌握基本操作方法，学习、使用Photoshop软件已经成为一种生活时尚。

第二节　新增功能

PhotoshopCC是Adobe公司历史上最大规模的一次产品升级，数百项的设计改进提供了方便、快捷、智能的用户体验，下面对几项大的改动进行讲解。

一、工作界面

PhotoshopCC增加了界面的颜色方案，用户可以在"首选项"的"界面"选项卡中自行调节（图1-2）。其中深色界面更加典雅精致，凸显图像，更能提高用户的工作效率（图1-3）。

二、裁剪工具

PhotoshopCC的"裁剪"工具 可以将裁剪区域进行隐藏，自由选择是否删除裁剪的像素，使常规操作更加灵活、精确（图1-4）。

三、内容感知移动工具

使用PhotoshopCC工具箱中的"内容感知移动"工具 ，可以将选择的图像移动或复制到其他区域，能够产生良好的融合效果（图1-5）。

四、肤色识别

在PhotoshopCS6的色彩范围命令中有"肤色"选项，在进行人物照片修饰时，可以毫不费力的创建选区，对皮肤进行调整。

五、矢量图层

PhotoshopCC改进后的矢量图层可以应用描边、

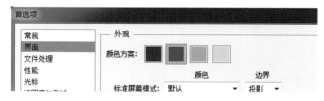

图1-2　首选项界面

图1-3　深色界面

图1-4　画面裁剪

图1-5　融合效果

为矢量对象添加渐变，自定义描边图案，像矢量程序一样的虚线描边也能够创建（图1-6）。

六、图层过滤器

PhotoshopCC在"图层"控制面板中增加了"图层过滤器"［图1-7（a）］，在"选择"菜单中也增加了"查找图层"命令［图1-7（b）］。能通过"名称"、"效果"、"模式"等方式查找图层，提高了工作效率。

七、自动储存恢复

PhotoshopCC新增加的自动储存恢复功能可以避免因死机、突然关闭等意外情况导致的文件丢失。这一功能会自动在第1个暂存盘中创建1个名称为"PSAutoRecover"的文件夹，将正在编辑的图像备份到此，如文件非正常关闭，再次运行Photoshop时会自动打开并恢复该文件。文件自动储存恢复信息时间间隔在"编辑""首选项""文件处理"中进行设置（图1-8）。

图1-6　矢量图层

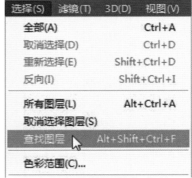

（a）图层过滤器　　　　　　（b）查找图层

图1-7　图层控制面板

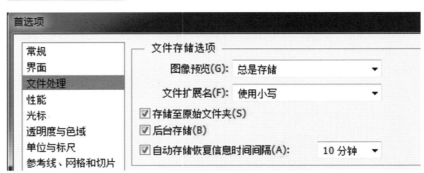

图1-8　自动储存

第三节　Adobe帮助应用

一、Photoshop联机帮助和支持中心

在菜单栏单击"帮助—Photoshop联机帮助"或"Photoshop支持中心"命令，即可链接到Adobe网站的帮助社区，能在线观看由Adobe专家录制的Photoshop演示视频。

二、关于Photoshop

单击"帮助—关于Photoshop"命令，在弹出的窗口中显示了Photoshop的版本、研发小组的人员名单和其他有关信息。

三、关于增效工具

增效工具是由Adobe公司开发与其他软件开发者合作开发的软件程序，旨在增添Photoshop的功能。单击"帮助关于增效工具Camera Raw""CompuServe GIF"等命令，即可查看增效工具的各种信息，了解相关功能。

四、法律声明

单击"帮助—法律声明"命令，即可在打开窗口中查看关于Photoshop专利和法律声明。

五、系统信息

单击"帮助—系统信息"命令，即可在打开的"系统信息"窗口中查看当前操作系统的显卡、内存、驱动等信息，以及安装组件、增效工具等信息。

六、产品注册

单击"帮助—产品注册"命令，即可在线注册Photoshop，注册成功的用户可获取最新的产品信息、培训、资讯等服务。

七、取消激活

由于Photoshop单用户零售许可只支持两台计算机使用，要在第3台计算机上使用同一个Photoshop产品，要先在之前的计算机上取消激活。单击"帮助—取消激活"命令，即可取消激活。

八、更新

单击"帮助—更新"命令，即可从Adobe公司的网站下载最新版软件。

九、Photoshop联机和联机资源

单击"帮助Photoshop联机"命令，能链接到Adobe公司网站首页。再次单击"帮助Photoshop联机资源"命令，链接到Adobe公司网站帮助页面。

十、Adobe公司产品改进计划

单击"帮助—Adobe公司产品改进计划"命令，参与到Adobe公司产品改进计划，可以针对软件提出意见。

十一、远程连接

单击"编辑—远程连接"命令，能借助ConnectNow服务，可以实现共享屏幕，方便了用户之间的沟通与合作，一直以来，Photoshop在联机互助方面做得很到位。

课后练习

1. Photoshop的创始人是哪两位？
2. Photoshop的发展经历了哪几个版本，每个新版本较之前的旧版本都有哪些改进？
3. PhotoshopCC作为最新的版本新增了哪几项功能？
4. 灵活运用裁剪工具对自己的生活照或者网络图片进行裁剪练习突出表达重点。
5. 灵活运用感知移动工具独立完成一幅有艺术感的陈列作品。
6. 运用肤色识别工具对一幅人物图片进行去色处理。
7. 安装PhotoshopCC图像处理软件。

第二章
基本操作方法

PPT 课件

本章素材

本章教学视频

学习难度：★★★☆☆
重点概念：菜单、界面、定义

◁ 章节导读

PhotoshopCC的工作界面被重新设计后，划分更加合理，使用更加方便。PhotoshopCC工作界面包括菜单栏、工具箱、工具属性栏、控制面板、图像编辑窗口、状态栏等，本章主要介绍PhotoshopCC的基本操作方法，初步认识操作界面，掌握查看照片文件的方法，能设置个性化操作界面，提高工作效率，合理运用该软件自带的辅助工具与素材资源（图2-1）。

图2-1　PhotoshopCC操作界面

第一节　基本操作界面

PhotoshopCC的工作界面被重新设计后，划分更加合理，使用更加方便。PhotoshopCC工作界面包括菜单栏、工具箱、工具属性栏、控制面板、图像编辑窗口、状态栏。

一、菜单栏

PhotoshopCC Extended菜单栏包含了文件、编辑、图像、图层、文字、选择、滤镜、3D、视图、窗口、帮助共11个主菜单（图2-2），每个菜单都包含一系列命令。

在菜单上单击鼠标即可打开菜单。如命令名称后带有黑色三角标记，则表示该命令含有下拉菜单。单击命令即可执行，按后面命令提示快捷键也可执行该命令（图2-2）。

二、工具箱

PhotoshopCC工具箱共分为4组，各组之间用分割线隔开，分别为"选取和移动工具组"、"绘画和修饰工具组"、"矢量工具组"、"辅助工具组"［图2-3（a）］。

在工具上单击鼠标即可选择该工具。工具右下角带有三角标记，则表示还有其他相关工具隐藏于此，将鼠标移动到这样的工具上，按住鼠标左键保持不动即可显示隐藏工具［图2-3（b）］。

三、工具属性栏

工具属性栏用来设置工具的参数，是PhotoshopCC的重要组成部分，它会随着工具的改变而改变选项内容，图2-4为文字工具■的属性栏。

（1）在工具属性栏的文本框中单击，输入数值并按回车键确定，即可调整数值（图2-5）。

（2）如果文本框右侧有三角形标志的按钮■，按下该按钮，会弹出控制滑块，通过拖动滑块调整数值（图2-6）。

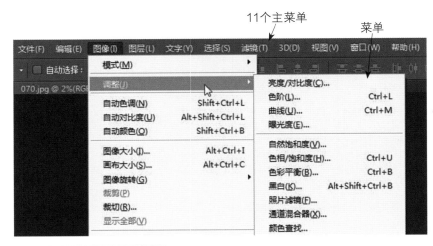

图2-2　工作界面及下拉菜单

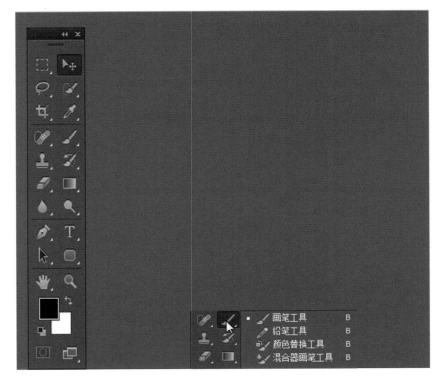

（a）工具栏　　　　　　　　　（b）隐藏工具

图2-3　工具箱

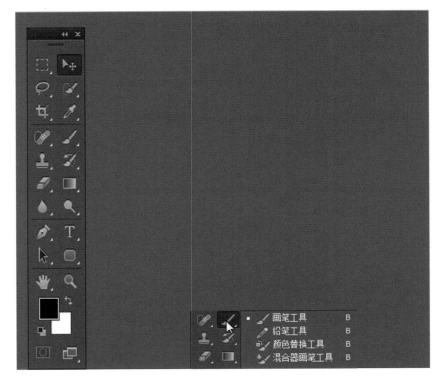

图2-4　文字工具属性栏

（3）对于含有文本框的选项，还可以将鼠标放在选项名称上，鼠标自动变成左右箭头的状态，按住鼠标左右移动即可调整数值（图2-7）。

（4）工具属性栏的选项如带有双向三角标志 ⬍，单击该选项，可以打开其下拉菜单（图2-8）。

四、控制面板

Photoshop 的控制面板用于图像及其应用工具的属性显示与参数设置等，灵活使用控制面板可以大大提高工作效率。

（1）选择控制面板。单击控制面板选项卡中面板的名称，即可显示选择的面板（图2-9）。

（2）折叠与展开。在控制面板上单击右上角的三角按钮 ⏩，将控制面板折叠为图标的状态[图2-10（a）]。单击图标即可打开相应的面板[图2-10（b）]。在图标状态下使用鼠标拖动控制面板左边界，即可调整宽度，使文字显示出来[图2-10（c）]。

图2-5　调整数值

图2-6　滑块调整

图2-7　鼠标调整

图2-8　下拉菜单

图2-9　所选择的面板

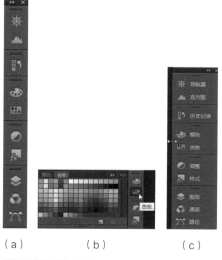

（a）　　　（b）　　　（c）

图2-10　折叠与展开

（3）打开控制面板菜单。控制面板菜单中包含了与当前控制面板相关的命令，在控制面板右上角的按钮 ，进行单击，即可打开控制面板菜单（图2-11）。

（4）关闭控制面板。单击鼠标右键，选择"关闭"或"关闭选项卡组"，就可以关闭该控制面板或控制面板组（图2-12）。关闭浮动面板可以直接单击"关闭"按钮 。

图2-11　控制面板菜单

五、图像编辑窗口

在使用Photoshop时，可以打开或创建多个图像窗口，在标题栏单击图像的名称，可以将其设置为当前操作对象。当打开的图像窗口过多不能显示所有图像名称时，单击标题栏右侧按钮 ，在弹出的下拉菜单中进行选择（图2-13）。

如需关闭窗口单击窗口右上角的关闭按钮 ，即可。如关闭所有窗口，在标题栏单击右键，在打开的菜单中选择"关闭全部"命令即可（图2-14）。

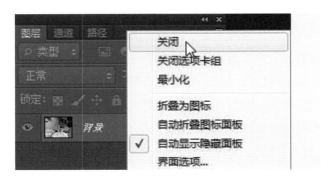

图2-12　关闭控制面板

图2-13　选择图像

六、状态栏

位于图像编辑窗口底部的状态栏是显示图像编辑窗口的缩放比例、文档大小、使用工具等信息的组件。

在状态栏单击小三角按钮▶，则可以在弹出的菜单栏中选择其他图像信息内容（图2-15）。

在状态栏单击鼠标，可以查看到图像的宽度、高度、分辨率等信息［图2-16（a）］。按住Ctrl键并在状态栏单击鼠标，可以查看图像的拼贴宽度、拼贴高度等信息［图2-16（b）］。

图2-14　关闭命令

图2-15　图像信息内容

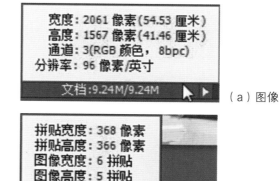

（a）图像

（b）拼贴

图2-16　图像与拼贴信息

第二节 查看照片

一、屏幕模式

单击"工具箱"中的屏幕模式按钮 ▣，可以切换成不同的屏幕模式，包括标准屏幕模式、带有菜单栏的屏幕模式、全屏模式。

二、排列

在菜单栏单击"窗口—排列"命令，在弹出的下拉菜单中选择图像窗口的各种排列方式。

打开多个图像文件后，可以在"窗口—排列"菜单中选择任意一种排列方式进行排列，如全部垂直拼贴、全部水平拼贴、双联水平、双联垂直、将所有内容合并到选项卡中。

（1）层叠。将浮动窗口从左上角到右下角的方向进行层叠（图2-17）。

（2）平铺。以填满整个图像编辑窗口的方式进行显示（图2-18）。

（3）在窗口中浮动。允许所选图像在窗口中自由浮动（图2-19）。

（4）使所有内容在窗口中浮动。所有图像都在窗口中自由浮动（图2-20）。

（5）匹配缩放。使其他窗口都与当前窗口的缩放比例相同（图2-21）。

补充要点

将图片并列排放在窗口中能方便观察，能比较不同图片的差异，还能将其中一张图片拖入另一张图片中，但是不方便长期操作，同时会占用更多计算机内存，应当在比较或拖动图片后，及时关闭暂时不作处理的图片文件。

图2-17 层叠

图2-18 平铺

图2-19 所选图像自由浮动

（6）匹配位置。使其他窗口都与当前窗口的显示位置相同（图2-22）。

（7）匹配位置。使其他所有窗口的画布旋转角度都与当前窗口相同（图2-23）。

三、导航器面板

可以在"导航器"控制面板中看到图像的缩略图，可以通过"缩放"━━━━━滑块调整预览图，对图像进行定位（图2-24）。

四、旋转视图

（1）按快捷键Ctrl+O打开素材中的"素材—第2章—2.2.4旋转视图"素材（图2-25）。

图2-22 窗口显示位置相同

图2-23 画布旋转角度相同

图2-24 缩放
调整图像

图2-20 所有图像自由浮动

图2-21 匹配缩放

图2-25 旋转
视图素材

（2）选取"工具箱"中的"旋转视图"工具，在窗口上单击，这时会显示指针（图2-26）。

（3）按住鼠标左键进行拖动即可旋转视图（图2-27）。工具属性栏提供了精确旋转角度的数值输入框、恢复旋转的"复位视图"按钮和用于多个图像旋转的"旋转所有窗口"选项。

五、调整窗口比例

（1）按快捷键Ctrl+O打开素材中的"素材—第2章—2.2.5调整窗口比例"素材（图2-28）。

（2）选取"工具箱"中的"缩放"工具 🔍，将光标放在画面中时光标呈 🔍 状，单击鼠标即可放大窗口显示比例（图2-29）。按住Alt键，光标呈 🔍 状，单击鼠标即可缩小窗口显示比例（图2-30）。

（3）在属性栏中，将"细微缩放"选项勾选，在图像上按住鼠标左键并向右侧拖动，窗口会以平滑方式放大。向左侧拖动鼠标，窗口会以平滑方式缩小。

六、抓手工具

（1）按快捷键Ctrl+O打开素材中的"素材—第2章—2.2.6抓手工具"素材（图2-31）。

（2）选取工具箱中的"抓手"工具 ✋，按住Ctrl键，并在图像上单击鼠标可将窗口显示比例放大。按住Alt键，并在图像上单击鼠标可将窗口显示比例缩小。这与"缩放"工具功能相同。

（3）当窗口不能显示完整的图像时，选取工具箱中的"抓手"工具 ✋，按住鼠标左键并拖动可移动画面（图2-32）。

- 补充要点 -

注意观察左下角的百分比，当＞100%时图像会变得模糊或呈现出马赛克，当＜100%时图像边缘会变得锐利或缺少像素，因此应尽量缩放至100%再进行操作。

图2-26　显示指针

图2-27　旋转视图

图2-28　素材

图2-29　放大窗口

图2-30　缩小窗口

图2-31　素材

（4）按住键盘上的H键并按住鼠标，窗口会显示全部图像并出现1个矩形框（图2-33）。移动矩形框到需要查看的位置，松开键盘和鼠标，矩形框内的区域会迅速放大显示，这时能查看图片的局部细节，适合图片的局部处理操作（图2-34）。

— 补充要点 —

选择"抓手"工具，按下鼠标中央的滑轮再移动鼠标，可以移动画面，前提是图片应大于当前的显示区域。此外，滚动鼠标中央的滑轮，还可以将图片进行放大或缩小，只不过缩放的速度很快，难以控制，需要多次练习才能熟练掌握力度。PhotoshopCC中的移动、缩放都可以通过鼠标中央的滑轮来控制。

图2-32　移动画面

图2-33　迅速放大

图2-34　局部操作

第三节　设置个性化操作界面

在PhotoshopCC中，图像窗口、工具箱、菜单栏和控制面板的排列方案称为工作区。PhotoshopCC提供了几种预设工作区，如"绘画"工作区、"摄影"工作区等，可以在菜单栏"窗口—工作区"的下拉菜单中根据需要进行选择，也可以在PhotoshopCC中定义自己的操作界面。

一、定义工作区

（1）打开PhotoshopCC，在"窗口"菜单中将需要的控制面板进行勾选，不需要的进行关闭，将右侧的控制面板进行排列组合（图2-35）。

图2-35　整理控制面板

（2）设置完成后，在菜单栏单击"窗口—工作区—新建工作区"命令，在打开的"新建工作区"对话框中设置工作区名称（图2-36），完成后单击"存储"按钮。

（3）单击"窗口—工作区"命令，在打开的下拉菜单中可以看到目前定义的工作区，选择它可调出该工作区（图2-37）。

二、定义彩色菜单

（1）在菜单栏单击"编辑—菜单"命令，在打开的"键盘快捷键和菜单"对话框中单击"滤镜"前的展开按钮 ▶，将"滤镜"卷展栏打开（图2-38）。

（2）选择"滤镜库"命令，在颜色栏进行单击，设置颜色为红色（图2-39）。设置完成后单击"确定"按钮。

（3）设置完成后，在菜单栏单击"滤镜"，可以看到"滤镜库"命令已经被定义好了（图2-40）。

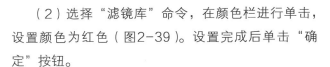
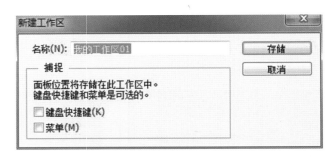

图2-36　设置工作区名称

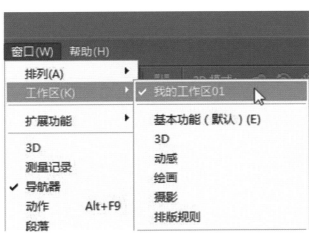

图2-37　调出工作区

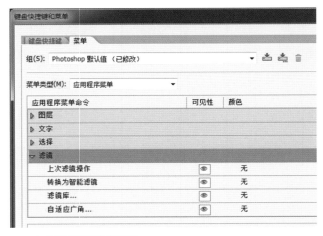

图2-38　"滤镜"卷展栏

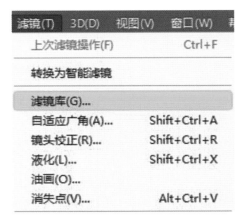

图2-39　设置颜色

图2-40　定义滤镜库

三、自定义快捷键

（1）在菜单栏单击"编辑—键盘快捷键"命令或"窗口—工作区—键盘快捷键和菜单"命令，在"键盘快捷键和菜单"对话框中设置"快捷键用于"选项为"工具"（图2-41）。

（2）在"工具"列表中，我们看到"移动工具"快捷键为"V"，选择"移动工具"，单击"删除快捷键"按钮（图2-42），将快捷键删除。

（3）点击"单行选框工具"，在输入框内输入"V"［图2-43（a）］，单击"接受"按钮，设置完成后，单击"确定"关闭对话框。此时，"单行选框工具"的快捷键为"V"［图2-43（b）］。

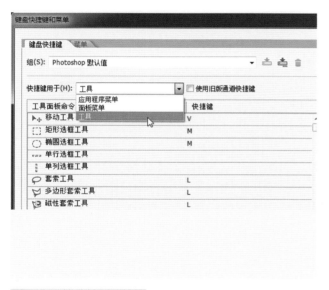

图2-41　快捷键用于工具

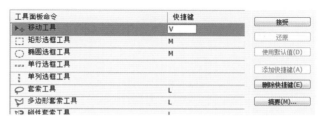

图2-42　删除快捷键

（a）输入V　　　（b）设置成功

图2-43　单行选框工具

第四节　使用界面辅助工具

一、标尺与参考线

（1）按快捷键Ctrl+O打开素材中的"素材—第2章—2.4.1标尺与参考线"素材（图2-44）。在菜单栏单击"视图—标尺"命令或快捷键Ctrl+R，将标尺显示出来（图2-45）。

图2-44　素材

图2-45　自定义标尺

图2-46　修改测量单位

图2-47　拖出水平参考线

（2）标尺的默认原点位于窗口的左上角，更改标尺原点，可以使标尺从自定位置开始进行测量。将光标放在原点处，按住鼠标拖动，画面中会显示十字线。将其拖动到需要的起点位置，新起点即定义成功（图2-45）。

（3）将起点恢复到默认的位置，在窗口的左上角双击即可。在标尺上双击鼠标，打开"首选项"对话框，即可修改标尺的测量单位（图2-46）。再次单击"视图—标尺"命令或快捷键Ctrl+R即可隐藏标尺。

（4）将光标放在水平标尺上，按住鼠标向下拖动即可拖出水平参考线（图2-47）。将光标放在垂直标尺上即可拖出垂直参考线。选取"工具箱"中的"移动工具"，将光标放在参考线上，光标变成状态，按住鼠标拖动即可移动参考线。

（5）将参考线移动到标尺处，可将其删除。删除所有参考线需要在菜单栏单击"视图—清除参考线"命令。

二、智能参考线

开启智能参考线后，对图层对象进行移动操作时，该对象与其他对象的中心、边缘等接近时，会出现1条对齐辅助线并自动贴齐（图2-48）。在菜单栏单击"视图—显示—智能参考线"命令能够将智能参考线开启。

三、网格

网格用于分布空间、精确定位时非常方便。打开1张图片，在菜单栏单击"视图—显示—网格"命令，可以将网格开启（图2-49）。

然后单击"视图—对齐—网格"命令启用网格的对齐功能，之后所进行的各种操作，对象都会自动对齐到网格上，进一步方便定位，能提供准确的位置操作。

图2-48　开启智能参考线

图2-49　网格开启

四、注释

1. 按快捷键Ctrl+O打开素材中的"素材—第2章—2.4.4注释"素材。

2. 选取"工具箱"中的"注释"工具 ，在工具属性栏中可以输入作者的名称。使用鼠标在画面中单击，在弹出的"注释"面板中输入注释内容（图2-50）。如需查看注释，双击注释图标即可。

3. 如需删除注释，在注释上单击右键选择"删除注释"或"删除所有注释"即可（图2-51）。也可以将PDF文件格式的注释导入到图像中，在菜单栏单击"文件—导入—注释"命令，选择导入的文件，单击"载入"按钮即可。

图2-50　输入注释内容

五、对齐

对于进行精确放置对象、裁剪等命令时开启对齐功能，将事半功倍。在菜单栏单击"视图—对齐"命令，使其处于勾选，再次单击"视图—对齐到"命令，在下拉菜单中选择对齐项目（图2-52）。

图2-51　删除注释

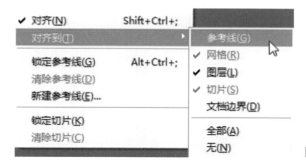

图2-52　对齐项目

课后练习

1. PhotoshopCC Extended菜单栏包含了哪几个主菜单？

2. 当打开的窗口过多时怎样查看所有的图像名称？

3. 当窗口显示的图像不完整时如何移动画面查看其它部分？

4. 熟悉PhotoshopCC的基本操作界面后根据使用习惯设置成自己惯用的操作界面。

5. 根据个人所需载入自己所需的资源库。

第三章

区域选取

PPT 课件　　本章素材　　本章教学视频

学习难度：★★☆☆☆
重点概念：辅助、查看、设置

◁ **章节导读**

　　本章主要介绍图片的区域选取方法，尤其是边缘模糊，色彩近似的图片，只有经过精确选取才能进行深入编辑，这也是PhotoshopCC的重要功能之一。

第一节　区域选取基础

一、选区

　　在使用PhotoshopCC对局部图像进行操作前，首先要选取操作的有效区域，即选区。选区可以将编辑操作限定在选定的区域内（图3-1、图3-2）。如不创建选区，则会对整张图片进行修改（图3-3）。

　　选区还可以用来分离图像，将对象用选区选中（图3-4），从背景中分离出来，再置入新的背景（图3-5、3-6）。

　　选区分为普通选区和羽化的选区。普通选区边界清晰、准确，羽化的选区边界呈半透明效果。

图3-1　原图

二、基本形状

对于边缘为圆形、椭圆形、矩形的对象，可以直接选取工具箱中的"选框"工具来选择（图3-7）。

对于魔方、盒子等边缘为直线的对象，可以使用多边形"套索工具"来选择（图3-8）。

三、色调差异

对于色调差异大的图像可以使用"快速选择"工具 ✎、"魔棒"工具 ✎、"磁性套索"工具 ∑、"色彩范围"命令等来选择。图3-9、图3-10是使用"色彩范围"命令抠出的图像。

图3-2　选取选区后的修改

图3-3　未选取选区后的修改

图3-4　选中对象

图3-5　置入新背景

图3-6　新背景图层

图3-7　选框工具选择

图3-8　套索工具选择

图3-9　色彩范围命令

图3-10　色彩范围命令

图3-11　调整边缘命令

图3-12　转为选区

图3-13　原图

图3-14　通道选区

四、快速蒙版

创建完成后，可以进入快速蒙版状态，再使用画笔、滤镜等对选区进行精细编辑。

五、选区细化

当对毛发等细微图像进行操作时，可以使用工具属性栏上的"调整边缘"命令 调整边缘... 对选区进行调整，图3-11为采用"调整边缘"命令抠出的图像。

六、钢笔工具

对于边缘光滑，形状不规则的对象，可以使用"钢笔工具" 沿其边缘创建路径，再转换为选区（图3-12）。

七、通道

对于细节非常丰富、玻璃、婚纱等半透明、运动导致边缘模糊的对象，可以使用通道的方式来选取，图3-13、图3-14中的婚纱就是采用通道选取的。

- 补充要点 -

"钢笔"工具其实就是一种自由曲线绘制工具，绘制完成后可以任意调节各节点的曲度，使曲线与图像边缘完全结合，能保持完美的流畅度，再转换成选区就能形成选框了。操作起来比较麻烦，但是选择的精准度很高。

第二节　区域选取基本方法

一、全选与反选

如需选择文档边界内所有图像，可以在菜单栏单击"选择—全部"命令或快捷键Ctrl+A。对于背景简单的图像，我们可以先将背景选中（图3-15），再在菜单栏单击"选择—反向"命令或快捷键Ctrl+Shift+I（图3-16）。

二、取消选择

操作结束后，单击"选择—取消选择"命令或快捷键Ctrl+D取消选择，如需恢复，单击"选择重新选择"命令即可。

三、选区运算

PhotoshopCC提供了4种选区运算，分别是新选区、添加到选区、从选区中减去、与选区交叉。

1. 新选区。选择该选项后，可以在图像中新创建1个选区，如图像中已有选区，则会替换原选区（图3-17）。

2. 添加到选区。选择该选项后，在原有的选区基础上与新选区相加，图3-18为在原有的圆形选区与矩形选区相加的结果。

3. 从选区中减去。选择该选项后，在原有的选区上减少新创建选区的区域（图3-19）。

4. 与选区交叉。选择该选项后，只保留新选区与原有选区的公共区域（图3-20）。

四、移动

在使用"矩形"工具或"椭圆选框"工具创建选区过程中，按住空格键并拖动鼠标，可以移动

图3-15　选中背景

图3-16　选择反向

图3-17　新选区

图3-18　添加到选区

图3-19　从选区中减去

图3-20　与选区交叉

选区。创建完成后，在新选区运算状态下，将光标放在选区内并拖动鼠标即可移动选区，使用键盘上的方向键即可将选区微移。

五、隐藏

选区创建完成后，单击"视图—显示—选区边缘"命令或按快捷键Ctrl+H，将"选区边缘"命令取消勾选，选区隐藏后依然限定操作的有效区域。选区隐藏后，可以直观的看到选区边缘的变化。

第三节　区域选取工具

图3-21　翻转颜色

一、矩形选框工具

1. 按快捷键Ctrl+O打开素材中的"素材—第3章—3.3.1矩形选框工具"素材。选取工具箱中的"矩形选框"工具，在画面中拖动鼠标创建选区。

2. 按快捷键Ctrl+Shift+I将选区反选，在菜单栏单击"图像—调整—反相"命令，反转选区内颜色（图3-21）。

二、椭圆选框工具

图3-22　选中轮胎

1. 按快捷键Ctrl+O打开素材中的"素材—第3章—3.3.2椭圆选框工具1"素材。选取工具箱中的"椭圆选框"工具 ，按住Shift键并拖动鼠标创建正圆选区，选中图像中的轮胎（图3-22）。

2. 按下工具属性栏的"从选区中减去"按钮 ，再选取工具箱中的"矩形选框"工具 ，将轮胎下面多余的选区减去（图3-23），按快捷键Ctrl+C复制选区内的图像。

3. 打开素材中的"素材—第3章—3.3.2椭圆选框工具2"素材，快捷键Ctrl+V将图像复制到此，按快捷键Ctrl+T，拖动控制点将轮胎缩小，并移动到左下角的位置（图3-24）。

4. 选取"移动"工具 ，按住Alt键并拖动轮胎，复制出来1个移动到旁边的位置（图3-25）。

图3-23　减选选区

三、单行单列选框工具

1. 按快捷键Ctrl+O打开素材中的"素材—第3章—3.3.3单行单列选框工具"素材。

2. 在菜单栏单击"编辑首选项参考线"命令，在打开的"首选项"对话框中设置"网格线间隔"为10毫米，"子网格"为4（图3-26）。

3. 单击"视图显示网格"命令，使网格显示。选取"单行选框"工具 ，按下工具属性栏的"添加到选区"按钮 ，在网格上单击鼠标创建高度为1像素选区（图3-27）。

4. 单击"图层"控制面板的"创建新图层"按钮 ，创建"图层1"，按快捷键Ctrl+Delete将背景色（白色）填充到选区，按快捷键Ctrl+D取消选区，单击"视图—显示—网格"命令，将网格取消勾选（图3-28）。

5. 在"图层"控制面板设置"图层1"的混合模式为"叠加"（图3-29），图3-30为最终效果。

图3-24　移动轮胎

图3-25　复制

网格				
颜色(C)：	自定... ▼	网格线间隔(D)：	10　毫米 ▼	
样式(S)：	直线 ▼	子网格(V)：	4	

图3-26　设置网格线

图3-27　设置高度

图3-28　取消网格

图3-29　设置叠加模式

图3-30　最终效果

四、套索工具

1. 按快捷键Ctrl+O打开素材中的"素材—第3章—3.3.4套索工具"素材。

2. 选取工具箱中的"套索"工具 ○，用鼠标在画面中拖动绘制选区，当光标移至起点处时，松开鼠标即可封闭选区（图3-31）。

3. 在使用"套索"工具 ○ 绘制选区时，按住Alt并松开鼠标，此时自动切换为"多边形套索"工具 ，使用鼠标在画面中单击即可绘制直线，松开Alt键后恢复为"套索"工具 ○。

五、多边形套索工具

1. 按快捷键Ctrl+O打开素材中的"素材—第3章—3.3.5多边形套索工具1"素材。选取工具箱中的"多边形套索"工具 ，按下工具属性栏的"添加到选区"按钮 ，在窗户边角处点击鼠标，沿边缘转折处继续单击，当移至起点处时，单击鼠标，选区创建完成（图3-32）。

2. 同样的，将其他窗口内的图像都选中（图3-33）。

3. 将窗口所有图像都选中后，按快捷键Ctrl+J将选区内的图像复制到新图层（图3-34）。打开素材中的"素材第3章—3.3.5多边形套索工具2"素材，使用"移动"工具 将其拖入到窗口中（图3-35）。

4. 按快捷键Ctrl+Alt+G，创建剪贴蒙版，此时窗口景色替换完成（图3-36）。

- 要点提示 -

"多边形套索"工具 最常用，除了可以选取直线边缘，还可以选取曲线边缘，尤其是不规则的自由曲线，相对"钢笔"工具 而言更自由。只是在选取曲线时应该特别注意，最好将照片放大后再选取，每段圆弧之间虽然是直线，但是缩小还原后也能达到不错的平滑度，而且操作起来更轻松。

图3-31 封闭选区

图3-32 创建选区完成

图3-33 选中所有

图3-34 复制到新图层

图3-35 拖入窗口

图3-36 替换完成

六、磁性套索工具

1. 按快捷键Ctrl+O打开素材中的"素材—第3章—3.3.6磁性套索工具"素材。

2. 选取工具箱中的"磁性套索"工具 ⫟，在图像的边缘上点击，放开鼠标后，使光标沿着图像的边缘移动，会贴合图像边缘自动生成锚点（图3-37），也可以在某一位置单击鼠标放置锚点，按Delete键可以依次将锚点删除，按下Esc键可以清除所有锚点。

图3-37 自动生成锚点

3. 当光标移动至起点处时（图3-38），单击鼠标可将选区闭合（图3-38）。如在绘制过程中双击鼠标，会在双击处出现一条直线与起点处连接，将选区闭合。

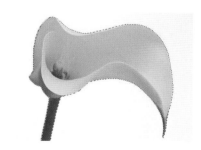
图3-38 关闭选区

第四节　魔棒与快速选择工具

一、魔棒工具

1. 按快捷键Ctrl+O打开素材中的"素材—第3章—3.4.1魔棒工具1"素材。选取工具箱中的"魔棒"工具 ⫟，在工具属性栏设置"容差"为10，设置完成后，在画面的空白处单击鼠标，将背景选中（图3-39）。

图3-39 选中背景

2. 按快捷键Ctrl+Shift+I将选区反转，选中画面中的鱼（图3-40）。

3. 打开素材中的"素材第3章—3.4.1魔棒工具2"素材，使用"移动"工具将图像拖动到背景文档中来 ⫟，生成"图层1"（图3-41），按快捷键Ctrl+T调整图像的大小，移动到合适的位置（图3-42）。

二、快速选择工具

1. 按快捷键Ctrl+O打开素材中的"素材—第3章—3.4.2快速选择工具1"素材。选取工具箱中的"快速选择"工具 ，在工具属性栏单击"添加到选区"按钮 ，设置画笔大小为30，其他参数不变（图3-43）。

2. 设置完成后，用鼠标在鹦鹉上单击并拖动，创建选区（图3-44），如背景区域也被选中，可以在工具属性栏单击"从选区减去"按钮 或按住Alt键，然后在选中的背景上单击并拖动鼠标，将其减去。

3. 打开素材中的"素材第3章—3.4.2快速选择工具2"素材，使用"移动"工具 将图像拖动到该文档中。按快捷键Ctrl+T调整图像的大小，移动到合适的位置（图3-45）。

图3-40 反选

图3-41 生成新图层

图3-42 调整位置

图3-43 参数设置

图3-44 创建选区

图3-45 调整完成

第五节　色彩范围

一、色彩范围对话框

打开文件后，在菜单栏单击"选择—色彩范围"命令，即可打开"色彩范围"对话框（图3-46）。

1. 选择。"选择"用来设置选区的创建方式（图3-47），选择"取样颜色"时，用光标在画面或"色彩范围"对话框的预览图中单击，对颜色进行取样，并与"添加到取样"按钮和"从取样中减去"按钮配合使用。选择"红色""绿色"等选项时，可以对画面中的特定颜色进行选择（图3-48）。选择"高光""中间调"等选项时，可对画面中的特定色调进行选择（图3-49），选择"溢色"时，可选择溢色区域，选择"肤色"时，可选择肤色区域。

2. 检测人脸。勾选该选项后，能够更准确选择画面中的肤色。

3. 本地化颜色簇与范围。勾选"本地化颜色簇"选项后，在"范围"中控制以选择像素为中心向外扩散的距离，对画面局部区域进行选择。

4. 彩容差。用来控制色彩的识别度，数值越高，选取的颜色越广，范围也越大。

5. 预览图。预览图有"选择范围"和"图像"两种预览方式，使用"选择范围"时，预览图中的黑色为未被选择区域，白色为已被选择区域，灰色

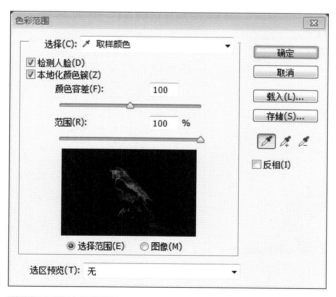

图3-46　打开对话框

图3-47　创建
方式

图3-48　颜色选择

为部分被选择区域（图3-50）。使用"图像"时，以彩色方式显示图像（图3-51）。

6. 选区预览。"选区预览"用来设置图像窗口的显示方式，有"无""灰度""黑色杂边""白色杂边""快速蒙版"五种方式（图3-52）。

7. 储存与载入。单击"储存"按钮，当前的设置状态即被保存为选区预设，单击"载入"按钮，可以将储存的选区预设文件载入进来。

8. 反向。勾选"反相"复选框可将选区反选。

二、色彩氛围

1. 按快捷键Ctrl+O打开素材中的"素材—第3章—3.5.1色彩范围1"素材。

2. 在菜单栏单击"选择—色彩范围"命令，打开"色彩范围"对话框，在画面中背景的区域单击鼠标，进行颜色取样（图3-53）。

3. 此时，背景区域已全部添加到选区（图3-54），在"色彩范围"对话框的预览区中可以看到背景区域完全呈白色显示。单击"确定"按钮，背景区域被选中（图3-55）。

4. 按快捷键Ctrl+Shift+I将选区反转，选中画面中的图像，按快捷键Ctrl+O打开素材中的"素材—第3章—3.5.1色彩范围2"素材，使用"移动"工具 ▶+ 将图像拖动到该文档中，按快捷键Ctrl+T调整图像的大小，移动到合适的位置（图3-56）。

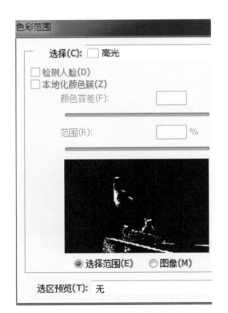

图3-49　色调选择

图3-50　预览图

图3-51　图像

5. 在菜单栏单击"图层—图层样式外发光"命令，在打开"图层样式"对话框中设置"混合模式"为"滤色"，"不透明度"为46%，"大小"为21像素（图3-57），图3-58为最终效果。

图3-52　选区预览　　　　图3-53　颜色取样　　　　图3-54　背景区域添加到选区

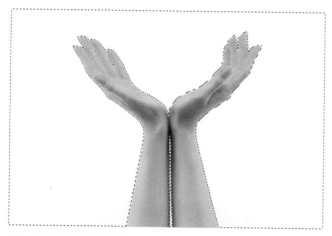

图3-55　选中背景区域　　　　　　　　　　图3-56　调整图像

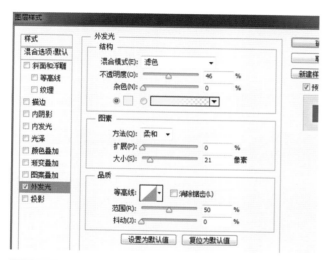

图3-57　参数设置　　　　　　　　　　图3-58　最终效果

第六节　快速蒙版

一、快速蒙版

1. 按快捷键Ctrl+O打开素材中的"素材—第3章—3.6.1快速蒙版1"素材。选取工具箱中的"快速选择"工具 ✎，将画面中的企鹅选中（图3-59）。

2. 选取投影的时候，不能太过于生硬，否则会不真实。在菜单栏单击"选择—在快速蒙版模式下编辑"命令或按下工具箱中的"以快速蒙版模式编辑"按钮 ▣，进入到快速蒙版编辑模式（图3-60）。

3. 选取工具箱中的"画笔"工具 ✎，在工具属性栏设置"画笔大小"为38，"不透明度"为32%。设置完成后，使用画笔在投影处涂抹，使阴影添加到选区（图3-61）。

4. 涂抹完成后，按下工具箱中的"以标准模式编辑"按钮 ▣，恢复到常规模式（图3-62），按快

捷键Ctrl+O打开素材中的"素材—第3章—3.6.1快速蒙版2"素材，使用"移动"工具 ✛ 将企鹅拖动到该文档中（图3-63）。

二、快速蒙版

选区创建完成后，双击工具箱中的"以快速蒙版模式编辑"按钮，弹出"快速蒙版选项"对话框（图3-64）。

1. 颜色指示。当"颜色指示"设置为"被蒙版区域"后，选区外的区域将被蒙版颜色覆盖，选区内区域正常显示，当设置为"所选区域"后，选区内区域将被蒙版颜色覆盖，选区外的区域正常显示。

2. 颜色。单击色块，可以在打开的拾色器面板中修改蒙版颜色，更改"不透明度"数值调整蒙版颜色的不透明度。

图3-59　选中企鹅

图3-60　快速蒙版编辑模式

图3-61　使阴影添加到选区

图3-62　打开素材

图3-63　完成图

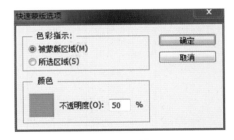
图3-64　快速蒙版对话框

第七节　细化选区

一、视图模式

选区创建完成后（图3-65），在菜单栏单击"选择—调整边缘"命令，弹出的"调整边缘"对话框，在下拉菜单中可以选择方便观察的视图模式（图3-66），如"闪烁虚线"（图3-67）、"叠加"（图3-68）、"黑底"（图3-69）、"白底"（图3-70）、"黑白"（图3-71）、"背景图层"（图3-72）、"显示图层"（图3-73）等视图模式。

图3-65　选区创建完成

图3-66　选择视图模式

图3-67　闪烁虚线

图3-68　叠加

图3-69　黑底

图3-70　白底

图3-71　黑白

图3-72　背景图层

图3-73　显示图层

图3-74 创建一个矩形

二、调整边缘

调节"调整边缘"对话框中的"调整边缘"选项组，可以对选区进行平滑、羽化、扩展等处理。在画面中创建1个矩形（图3-74），打开"调整边缘"对话框，设置"视图模式"为"背景图层"（图3-75）。

1. 平滑。调整该数值，可以使选区轮廓更加平滑（图3-76）。

2. 羽化。为选区设置羽化值，可使选区边界呈半透明的效果（图3-77）。

3. 对比度。对选区边缘模糊的对象进行锐化处理，减少或消除羽化。

4. 移动边缘。对选区边缘进行收缩或扩展操作（图3-78、图3-79）。

三、输出

在"调整边缘"对话框中的"输出"选项组中可以选择是否消除边缘杂色，指定输出方式（图3-80）。

1. 净化颜色。选择"净化颜色"选项，并调整数量值，可以消除边缘杂色，数量值越大，消除范围越广。

图3-75 参数设置

图3-76 平滑

图3-77 羽化

图3-78 收缩操作

图3-79 扩展操作

图3-80 调整边缘对话框

2. 输出方式。对选区边缘调整完成后，可以在此选择输出方式，如"选区"（图3-81）、"图层蒙版"（图3-82）、"新建图层"（图3-83）、"新建带有图层蒙版的图层"（图3-84）、"新建文档"（图3-85）等输出方式。

- 补充要点 -

选区输出后主要优势是能方便保存，尤其是形态特异的区域，通常选取过程很长，一次选择到位如不保存下来，可能会重复选择，降低操作效率。输出后的选区可以进行添加颜色、制作特效、复制图像等，这能提高工作效率。

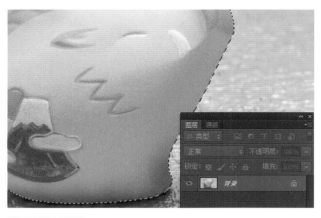
图3-81　选区

图3-82　图层蒙版

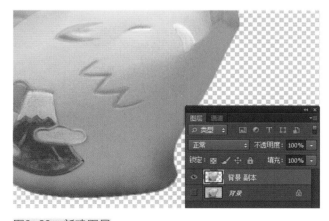
图3-83　新建图层

图3-84　新建带有图层蒙版的图层

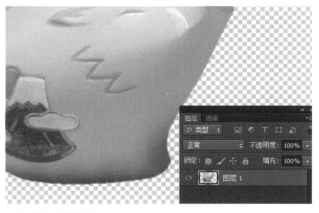
图3-85　新建文档

四、细化工具抠毛发

1. 按快捷键Ctrl+O打开素材中的"素材—第3章—3.7.4细化工具抠毛发1"素材。选取工具箱中的"快速选择"工具 ✎，将画面中的北极熊选中（图3-86）。

2. 单击工具属性栏的"调整边缘"按钮 调整边缘... ，在打开的"调整边缘"对话框中设置"视图模式"为"黑白"（图3-87、图3-88）。

3. 在"调整边缘"对话框中勾选"智能半径"和"净化颜色"，"半径"为250像素，此时北极熊的毛发已经出来了（图3-89、图3-90）。

4. 单击"调整半径工具"按钮保持片刻，在弹出的下拉菜单中选择"涂抹调整工具"（图3-91），使用鼠标在北极熊脚部等区域涂抹，将多余的背景减去，涂抹完成（图3-92）。

5. 选择输出到"新建带有图层蒙版的图层"选项，单击"确定"按钮，北极熊已经被抠出来了（图3-93）。打开素材中的"素材—第3章—3.7.4细化工具抠毛发2"素材，使用"移动"工具 ✛ 将北极熊拖入到背景文档中（图3-94）。

6. 按快捷键Ctrl+J将北极熊图层复制，使北极熊轮廓更加清晰（图3-95）。在"背景副本2"图层上单击右键，选择"向下合并"命令，将两个背景副本图层合并（图3-96）。

7. 在"图层"控制面板单击"创建新图层"按钮 ◨ ，新建图层，设置图层混合模式为"颜色"，按快捷键Alt+Ctrl+G为"背景副本"图层创建剪贴蒙版（图3-97）。

图3-86 选中北极熊

图3-87 打开对话框

图3-88 黑白模式

图3-89 对话框设置

图3-90 出现毛发

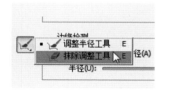

图3-91 涂抹调整工具

8. 设置前景色为与背景相近的蓝色（图3-98），选择"画笔"工具 ✐，在工具属性栏将"不透明度"设置为50%（图3-99），设置完成后，在北极熊毛发边缘涂抹，使毛发呈现出淡淡的蓝色，与背景更加协调（图3-100）。

图3-92　涂抹完成

图3-93　抠出北极熊

图3-94　拖入背景

图3-95　复制图层

图3-96　合并背景副本

图3-97　创建剪贴蒙版

图3-98　设置前景色

图3-100　效果展示

不透明度: 50%
图3-99　设置不透明度

第八节　选区编辑操作

一、修改边界

创建选区后（图3-101），在菜单栏单击"选择—修改边界"命令，将选区的边界向内部和外部两个方向扩展，形成新的选区（图3-102）。

二、平滑

创建选区后（图3-103），单击"选择—修改—平滑"命令，在打开的"平滑选区"对话框中设置"取样半径"，让选取更加平滑（图3-104）。

三、扩展与收缩

创建选区后（图3-105），单击"选择—修改—扩展"命令，在打开的"扩展选区"对话框中设置扩展的数量，可以将选区扩展（图3-106）。单击"选择—修改—收缩"命令，可将选区收缩（图3-107）。

图3-101　创建选区

图3-102　形成新选区

图3-103　创建选区

图3-104　平滑选区

图3-105　创建选区

四、羽化

羽化是令选区边界虚化，产生半透明效果从而达到各部分自然衔接的命令。创建选区后，单击"选择—修改—羽化"命令，在打开的"羽化"对话框中设置羽化半径的大小，羽化后的效果（图3-108）。

五、扩大选取与选取相似

扩大选取与选取相似很相似，都是用来扩展选区的命令，扩展范围都基于"魔棒"工具属性栏中的"容差"值 容差：32 来决定。创建选区后（图3-109），单击"选择—扩大选取"命令，画面中那些与当前选区像素色调相近的像素会被选中，该命令只会影响到与原选区相连的区域（图3-110）。

创建选区后，单击"选择—选取相似"命令，画面中那些与当前选区像素色调相近的像素会被选中，但该命令会影响到文档中的所有区域，包括与原选区没有相连的区域（图3-111）。

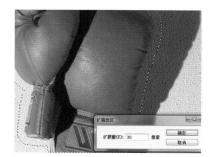

图3-106　扩展选区

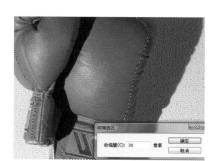

图3-107　收缩选区

图3-108　羽化后效果

图3-109　创建选区

图3-110　扩大选取

图3-111　选取相似

六、变换

　　创建选区后，单击"选择—变换选区"命令，此时，选区周围会出现定界框（图3-112），拖动控制点可对选区进行变形操作（图3-113），选区内的图像不会受影响。创建选区后，单击"编辑变换"命令，此时对选区进行变形操作，会影响选区内的图像（图3-114）。

七、存储与载入选区

　　学会存储与载入选区，可以避免意外情况带来的损失，也会为以后的修改带来极大方便。选区创建完成后，单击"通道"控制面板的"将选区存储为通道"按钮▣，将选区保存在Alpha通道中（图3-115、图3-116）。也可通过在菜单栏单击"选择—存储选区"命令将选区存储。

　　按住Ctrl键并单击通道缩略图，选区即可载入到图像中（图3-117），也可通过单击"选择—载入选区"命令载入选区。

图3-112　定界框

图3-113　选区变形

图3-114　图像被影响

图3-115　创建选区

图3-116　将选区存储为通道

图3-117　载入选区

课后练习

1. 选区分为哪两种，这两种之间的区别是什么？

2. 搜集一些身边或者网络上的图片，并根据不同的图片用不同的区域选取方法来进行选取练习。

3. 搜集两张有意思的图片，用色彩范围命令进行图像处理合成一幅有艺术性的图片。

4. 选取一张猫或者狗的图片，运用细化工具抠毛发的方式来进行图像处理。

5. 细化选区中"输出"的主要优势是什么？灵活运用"输出"对一张自己感兴趣的图片进行图像处理。

6. 如果在选取选区时想要扩展选区那么需要对哪里的数据进行调整？

7. 运用自己熟练的方式对两张或多张图片进行图像处理合成一张有艺术观赏价值的图片。

PPT 课件　　本章素材　　本章教学视频

学习难度：★ ★ ★ ☆ ☆
重点概念：分层、创建、应用

章节导读

　　本章主要介绍图层的运用方法，对图片分层操作进行详细讲解，剖析图层面板的全部功能，演示各种特效制作方法，附有代表性极强的操作案例。

第一节　图层基础

一、图层

　　图层是PhotoshopCC最重要的概念，是构成图像的组成单位，图层就像一张张含有图像或文字的透明玻璃纸，将玻璃纸按顺序叠加起来合成最终的图像效果（图4-1）。

　　每个图层都可以单独进行操作，不会影响其他图层（图4-2、图4-3）。除了锁定的"背景"图层外，其他图层都可以调整不透明度，产生半透明效果（图4-4、图4-5）；

　　设置图层的混合模式，产生特殊的混合效果（图4-6、图4-7）。单击图层左侧的眼睛图标 ⊙ 可以将图层隐藏（图4-8、图4-9）。

二、图层控制面板

　　"图层"控制面板用于创建、编辑、管理图层（图4-10）。

图4-1　图层

图4-2　单独图层

1. 图层过滤器 [类型]。如果文件中图层数量过多，可以在图层过滤器中选择图层的类型，将其找到，通过不同的搜索条件，能够很好地组织图层。

2. 图层混合模式 [正常]。图层混合模式就是指1个层与下面图层的色彩叠加方式，可以产生特殊的合成效果。

3. 不透明度 [不透明度: 100%]。调整图层或填充的不透明度，使之呈现透明效果。

4. 锁定 🔒。对图层的透明区域、像素、位置等进行锁定，以免造成失误操作。

5. 链接图层 🔗。可以将当前选择的多个图层链接起来。

6. 添加图层样式 fx。单击该按钮，可以为图层选择并添加"阴影""内发光"等效果。

7. 添加图层蒙版 ◙。单击该按钮，可以为图层添加用于遮盖图像的图层蒙版。

8. 创建新的填充或调整图层 ◐。单击该按钮，可以选择并添加新的填充图层或调整图层。

9. 创建新组 📁。单击该按钮，可以创建1个新的图层组。

10. 创建新图层 🗔。单击该按钮，可以创建1个新的图层。

11. 删除图层 🗑。可以将图层或图层组删除。

图4-3　单独图层

图4-4　调整透明度

图4-5　透明度

图4-6　混合模式

图4-7　混合效果

图4-8　单击隐藏

图4-9　图层被隐藏

图4-10　图层面板

图4-11　图层种类与功能

图4-12　创建新图层

图4-13　在当前图层下创建新图层

三、图层类型

在PhotoshopCC中可以创建各种类型的图层，每种图层都有独特的功能和用途。以下根据图4-11，从下向上依次为不同的图层种类与功能介绍。

1．背景图层。文件创建时的图层，名称为"背景"，总是在堆叠顺序的最底部，不能添加图层样式与图层蒙版。

2．3D图层。包含3D文件的图层。

3．视频图层。包含视频文件帧的图层。

4．文字图层。使用横排或直排文字工具输入文字时创建的图层。

5．蒙版图层。通过黑白灰三种颜色来决定图层局部透明状态的图层。

6．填充图层。填充了纯色、图案、渐变的图层，可以随时编辑颜色、图案。

7．调整图层。用于调整图像的纯度、明度、色彩平衡的图层，可以随时编辑。

8．智能对象。包含图像源内容和所有原始特性，能够执行非破坏性编辑的图层。

9．形状图层。使用"路径"工具 或各种"形状"工具绘制后，自动创建的图层。

10．普通图层 。单击"图层"控制面板中的"创建新图层"按钮，创建的透明图层，即为普通图层。

第二节　创建图层

一、在图层控制面板中创建

在"图层"控制面板单击"创建新图层"按钮 ，即可在当前图层的上面新建1个图层（图4-12）。

按住Ctrl键，并单击"创建新图层"按钮 ，新图层会创建在当前图层下面（图4-13），"背景"图层下面不能创建图层。

二、用命令新建图层

在菜单栏单击"图层—新建图层"命令或按Alt键并单击"创建新图层"按钮 ■，可以打开"新建图层"对话框（图4-14），在此可以设置图层的名称、颜色、模式等属性，点击"确定"后，即可新建1个图层（图4-15）。

三、通过复制的图层创建

在图像中创建了选区后（图4-16），在菜单栏单击"图层—新建—通过拷贝的图层"命令或快捷键Ctrl+J，复制选区内的图像到1个新的图层中（图4-17），原图层不发生变化。图像中没有选区时，执行该命令可将图层复制（图4-18）。

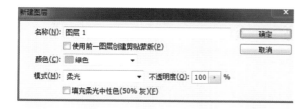

图4-14 创建新图层　　　　图4-15 新建的图层

图4-16 创建选区　　　图4-17 选区复制　　　图4-18 图层复制

图4-19　剪切至新图层

四、通过剪切的图层创建

在图像中创建了选区后，在菜单栏单击"图层—新建—通过剪切的图层"命令或快捷键Ctrl+Shift+J，剪切选区内的图像到1个新的图层中（图4-19），原图层图像被剪切（图4-20）。

五、创建背景图层

新建文档时，如使用"透明色"作为背景内容时（图4-21），是没有"背景"图层的（图4-22）。当文档中没有"背景"图层时，选择1个图层（图4-23），在菜单栏中单击"图层—新建—背景图层"命令，即可将该图层转换为"背景"图层（图4-24）。

图4-20　原图被剪切

图4-21　背景内容为透明色

图4-22　没有背景图层

图4-23　选择一个图层

图4-24　背景图层

第三节　编辑图层

一、选择

1. 选择一个图层。单击图层即可选择该图层，并成为当前图层（图4-25）。

2. 选择多个图层。选择第1个图层，按住Shift键并单击最后1个图层，即可将多个相邻图层选中（图4-26）。按住Ctrl键并单击图层，可将任意图层选中（图4-27）。

3. 选择所有图层。在菜单栏单击"选择—所有图层"命令，即可将所有图层选中（图4-28）。

4. 选择链接图层。选择1个链接图层（图4-29），单击"选择—选择链接图层"命令，即可将所有与之链接的图层选中（图4-30）。

5. 取消选择图层。在"图层"控制面板中图层下面的空白处单击鼠标，或单击"选择—取消选择图层"命令，取消选择图层。

二、复制

1. 面板中复制。用鼠标将需要复制的图层拖动到"创建新图层"按钮 上（图4-31）或按快捷键Ctrl+J，都可以将图层复制（图4-32）。

2. 命令复制。选择需要复制的图层，单击"图层—复制图层"命令，打开"复制图层对话框"（图4-33），在此设置新图层名称和文档目标，设置完成后，单击"确定"按钮即可完成复制（图4-34）。

图4-25　成当前图层

图4-26　选中相邻图层

图4-27　选中任意图层

图4-28　选中所有图层

图4-29　选择连接图层

图4-30　选中所有链接图层

图4-31　拖动复制

图4-32　复制图层

图4-33　打开对话框

图4-34　完成复制

三、链接

将多个图层链接起来，可以同时对这些图层进行移动、变换等操作。在"图层"控制面板中选择两个或多个图层（图4-35），单击"链接图层"按钮 🔗，将他们链接（图4-36）。如要取消链接，选择1个图层，再次单击"链接图层"按钮 🔗 即可。

图4-35　选择图层

图4-36　链接起来

四、修改名称和颜色

选择需要修改名称的图层，单击"图层—重命名图层"命令或直接双击该图层（图4-37），在文本输入框中输入新名称，回车键确定（图4-38）。

选择需要设置颜色的图层，单击右键，在弹出的下拉菜单中选择颜色（图4-39），即可为图层设置颜色（图4-40）。

图4-37　双击图层

五、显示与隐藏

图层左侧的眼睛图标👁用来控制图层的可见性，显示眼睛图标👁的图层为可见图层，单击眼睛图标👁可隐藏该图层（图4-41），再次在原处单击可显示图层。

单击1个图层的眼睛图标👁并垂直拖动鼠标，可以快速隐藏多个相邻图层（图4-42），显示操作相同。

图4-38　重命名

图4-39　选择颜色

图4-40　设置颜色

图4-41　隐藏图层

图4-42　快速隐藏

图4-43 锁定透明像素

图4-44 效果呈现

图4-45 提示

六、锁定

"图层"控制面板提供的锁定功能可以实现部分或完全锁定图层的效果，避免操作失误带来的损失。

1. 锁定透明像素 ▦。该按钮被按下后（图4-43），图层的透明区域将不可被编辑。锁定透明像素后，使用"画笔"工具 ✎ 涂抹，效果即可呈现出来（图4-44）。

2. 锁定图像像素 ✎。该按钮被按下后，图层只能移动、变换操作，不能对像素进行更改。锁定图像像素后，使用"画笔" ✎ 等工具会弹出提示信息（图4-45）。

3. 锁定位置 ✛。该按钮被按下后，图层不能再被移动。

4. 锁定全部 🔒。该按钮被按下后，以上选项全部被锁定。

七、查找

如果文件中图层数量过多，可以在菜单栏单击"选择—查找图层"命令，在"图层"控制面板顶部出现的文本框中输入图层名称（图4-46），快速查找到需要的图层（图4-47）。还可以在"图层"控制面板中设置显示图层的类型，如"效果""模式""属性"等。

选择"类型"选项并单击右侧的"文字图层滤镜"按钮 T，文字图层就显示出来了（图4-48）。

图4-46 输入图层名称

图4-47 快速查找图层

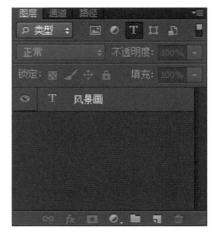

图4-48 显示文字图层

八、删除

将图层拖动到"图层"控制面板底部的"删除图层"按钮 🗑 上（图4-49），既可将图层删除，也可单击"图层—删除"命令，在下拉菜单中选择删除当前图层或所有隐藏图层。

九、栅格化

要对文字图层、形状图层、矢量蒙版等含有矢量数据的图层进行绘画、滤镜等操作时，首先要将其栅格化，将图层中的内容转化为光栅图像，才能继续编辑。

选择要栅格的图层，在菜单栏单击"图层—栅格化"下的命令即可栅格化相应的图层内容（图4-50），也可在要栅格化的图层上击右键，选择"栅格化图层"即可。

十、清除杂边

将选区进行移动或粘贴时，选区周围的一些像素也会包含在内，形成杂边的效果，单击"图层—修边"下的命令即可将杂边消除（图4-51）。

1. 颜色净化。可以将彩色杂边去掉。
2. 去边。用邻近像素的颜色替换杂边的颜色。
3. 移去黑色杂边。将图像的黑色杂边去掉。
4. 移去白色杂边。将图像的白色杂边去掉。

图4-49　删除按钮

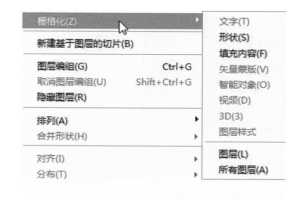

图4-50　栅格化

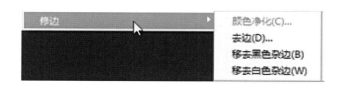

图4-51　消除杂边

– 补充要点 –

从理论上来说，图层越多，能发挥的效果就越丰富，可以尝试将图层复制为多个，再根据需要对每个图层进行变化。如调节照片亮度/对比度，可以将图层复制两个，分别调整亮度与对比度，最后变化两个图层的透明度，效果会更细腻。

第四节　合并图层

一、合并图层

选择要合并的图层（图4-52），在菜单栏单击"图层—合并图层"命令，即可合并图层，合并后的图层使用最上面图层的名称（图4-53）。

二、向下合并图层

选择1个图层（图4-54），单击"图层向下合并"命令或快捷键Ctrl+E，将该图层与它下面的图层合并，合并后的图层使用下面图层的名称（图4-55）。

三、合并可见图层

如要将所有可见图层合并（图4-56），单击"图层—合并可见图层"命令或快捷键Ctrl+Shift+E即可，所有可见图层将合并到"背景"图层中（图4-57）。

四、拼合图像

如要将所有图层都合并到"背景"图层中，单击"图层—拼合图像"命令即可，如有隐藏图像，会弹出是否删除隐藏图层的提示框。

图4-52　选择图层

图4-53　合并图层

图4-54　选择图层

图4-55　图层名称

图4-56　合并图层图

图5-57　合并到背景图层中

五、盖印图层

盖印是特殊的图层合并方法，既可以得到图层合并效果，又可以保持原图层完整。

1. 向下盖印。选择任意1个图层（图4-58），按快捷键Ctrl+Alt+E，即可将该图层图像盖印到下面的图层中（图4-59）。

2. 盖印多个图层。选择多个图层（图4-60），按快捷键Ctrl+Alt+E，即可将它们盖印到新图层中（图4-61）。

3. 盖印可见图层。按快捷键Ctrl+Shift+Alt+E，可以将所有可见图层的图像盖印到新的图层中（图4-62）。

4. 盖印图层组。选择1个图层组（图4-63），按快捷键Ctrl+Alt+E，可以将组中所有图层的图像盖印到新图层中（图4-64）。

第五节　管理图层

一、创建图层组

在"图层"控制面板中单击"创建新组"按钮，可以创建新1个的图层组（图4-65），在菜单栏单击"图层—新建组"命令不但可以创建组，还可以设置组的名称、颜色等属性（图4-66、图4-67）。

图4-58　选择图层图

图4-59　盖印至下面图层

图4-60　选择多个图层

图4-61　盖印至新图层

图4-62　盖印至新图层

图4-63　选择图层图

图4-64　盖印至新图层

图4-65　创建新图层

图4-66　设置名称

图4-67　设置颜色

图4-68　关闭组

图4-69　开启组

图4-70　拖至组内

图4-71　添加至组内

图4-72　拖至组外

图4-73　移除图层组

图4-74　取消编组

图4-75　删除

二、图层编组

选择需要放在组内的全部图层，单击"图层—图层编组"命令或快捷键Ctrl+G为图层编组，编组后，可单击组前面的三角图标 ▼ 将组开启或关闭（图4-68、图4-69）。

三、移入与移出

将图层用鼠标拖动到图层组内，可将其添加至图层组中（图4-70、图4-71）；将图层拖动到图层组外，可将其移除图层组（图4-72、图4-73）。

四、取消编组

如需删除组，但保留图层，可以选择组后，单击"图层—取消编组"命令或快捷键Ctrl+Shift+G即可（图4-74、图4-75）。如要删除图层组与组内的图层，用鼠标拖动图层组至"删除图层"按钮 🗑 上即可。

- 补充要点 -

在处理复杂照片时，应尽量多设置图层，图层过多就不方便查找，可以将相关类别的图层放在1个图层组中，如形态相同、色彩相同、位置相同、修改部位相同等，都可以分别建立图层组，但是图层组也不宜过多，以6~8个为佳，太多也容易遗忘图层所处的位置。

每个图层组还可以署名，双击图层组的名称即可重新署名，但是为了方便管理，放置在上方的图层在署名前方应加上1，放置在其后的图层组署名前方应加上2，依次类推，这样修改起来会更明确。每个图层组中所包含的图层数量一般不超过15个，过多也会给人带来凌乱感，在图层组中可以适度合并一些图层。

第六节　图层样式

一、图层样式

为图层添加图层样式，首先要选中该图层，然后打开"图层样式"对话框进行设置（图4-76）。

在菜单栏单击"图层—图层样式"（图4-77）或单击"图层"控制面板中的"添加图层样式"按钮 fx（图4-78），选择1个效果命令，都可以打开"图层样式"对话框并进入到相应的设置面板。也可以直接双击图层，打开"图层样式"对话框。

"图层样式"对话框中提供了10种效果，效果名称前有 ☑ 标记的表示图层中已添加了该效果。单击效果名称，可添加该效果并进入到相应的设置板（图4-79）。

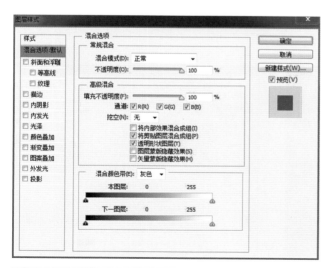

图4-76　"图层样式"设置面板

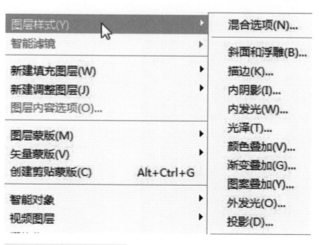

图4-77　选择图层样式

设置完效果参数后，单击"确定"按钮，即可完成对图层效果的添加，此时图层上会显示图层样式的图标 fx 和效果列表（图4-80），单击"在面板中显示图层效果"按钮 可以打开或折叠效果列表（图4-81）。

二、斜面与浮雕

使用"斜面与浮雕"效果可以使图层呈现出立体的浮雕效果。图4-82为"斜面与浮雕"设置面板。

1. 设置斜面与浮雕。这是图层样式中装饰效果最好的工具，内容很多，但不是太复杂，主要包括以下内容。

（1）样式："斜面与浮雕"设置面板中提供了5种样式，选择"外斜面"，可在图像外侧边缘创建斜面（图4-83）；选择"内斜面"，可在图像内侧边

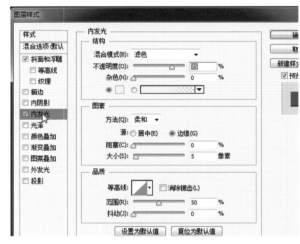

图4-78　添加图层样式　　　　图4-79　添加效果到设置板

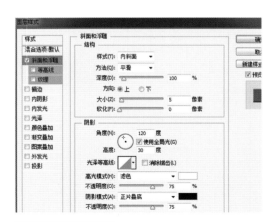

图4-80　显示效果列表　　　　图4-81　折叠效果列表　　　　图4-82　设置面板

缘创建斜面（图4-84）；选择"浮雕效果"，可使图像呈现浮雕状的效果（图4-85）；选择"枕状浮雕"，可使图像呈现陷入的效果（图4-86）；选择"描边浮雕"，可将浮雕效果应用于图层的描边中（图4-87）。

（2）方法：选择"方法"中的"平滑"选项，可以模糊边缘，不大保留细节特征（图4-88）；"雕刻清晰"主要用于消除锯齿形状的杂边，能够保留不错的细节特征（图4-89）；"雕刻柔和"不如"雕刻清晰"效果准确，对较大范围的杂边很有用，保留细节的能力要优于"平滑"（图4-90）。

（3）深度：设置斜面浮雕的应用深度，该参数越高，立体感越强。

（4）方向：光源角度定位后，通过该选项设置高光与阴影的位置，图4-91、图4-92为光源角度为90度时，分别选择"上"与"下"的效果。

（5）大小：设置斜面和浮雕中阴影面积的大小。

（6）软化：设置斜面和浮雕的柔和程度。

（7）角度与高度："角度"是设置光源照射角度的选项，"高度"是用来设置光源的高度。图4-93、图4-94是设置不同"角度"与"高度"的浮雕效果，勾选"使用全局光"可以让所有浮雕样式的光照角度一致。

图4-83 外侧创建斜面

图4-84 内侧创建斜面

图4-85 浮雕效果

图4-86 陷入效果

图4-87 描边浮雕

图4-88 模糊边缘

图4-89 雕刻清晰

图4-90 雕刻柔和

图4-91 光源上

图4-92 光源下

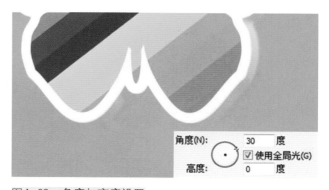
图4-93 角度与高度设置

（8）光泽等高线：选择不同的光泽等高线样式，为斜面和浮雕表面添加各种质感的光泽（图4-95、图4-96）。

（9）消除锯齿：用于消除设置了光泽等高线而产生的锯齿。

（10）高光模式：设置高光的混合模式、颜色和不透明度。

（11）阴影模式：设置阴影的混合模式、颜色和不透明度。

2．设置等高线。单击"斜面与浮雕"选项下面的"等高线"选项，切换到"等高线"设置面板（图4-97），使用"等高线"可以设置在浮雕处理过程中的起伏、凹陷和凸起的效果（图4-98、图4-99）。

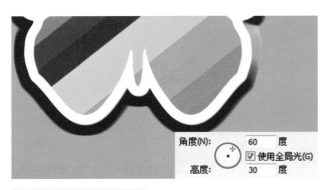

图4-94　角度与高度设置

图4-95　光泽设置

图4-96　光泽设置

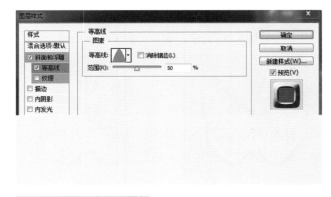

图4-97　等高线设置面板

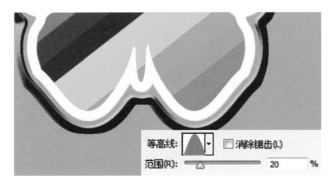

图4-98　效果显示

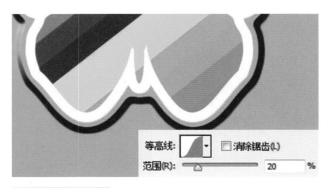

图4-99　效果显示

3. 设置纹理。单击"斜面与浮雕"选项下面的"纹理"选项，切换到"纹理"设置面板（图4-100）。

（1）图案：单击打开"图案拾色器"按钮，可在打开的下拉菜单中选择图案，并应用到斜面和浮雕上（图4-101）。点击"从当前图案创建新的预设"按钮可以将当前的图案创建为新的预设图案，保存在"图案"下拉面板中。

（2）缩放：调整该数值可以改变图案的大小（图4-102）。

（3）深度：设置图案的纹理应用深度。

（4）反相：勾选该项后，图案纹理的凹凸方向将反转（图4-103）。

（5）与图层链接：此选项可以将图案链接到图层，当图层进行变换操作时，图案也会一同变换。

三、描边

"描边"效果可以使对象产生被颜色、渐变或图案描画的效果，图4-104为"描边"设置面板，图4-105为原图像，可以使用颜色（图4-106）、渐变（图4-107）、图案描边（图4-108）等效果。

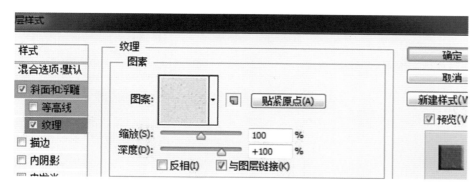

图4-100 设置面板

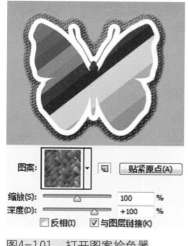

图4-101 打开图案拾色器

图4-102 缩放调整

图4-103 反向

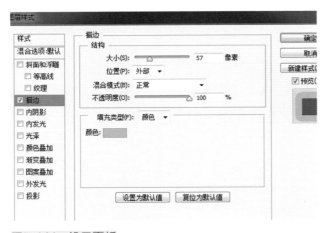

图5-104　设置面板

图4-105　原图像

图4-106　使用颜色

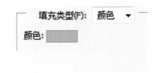

四、内阴影

　　"内阴影"效果会使对象边缘向内添加阴影，产生凹陷的效果。图4-109为"内阴影"设置面板，图4-110为原图像。

　　"内阴影"与"投影"的选项设置基本相同，"投影"是通过"扩展"来控制边缘的渐变程度，而"内阴影"是通过"阻塞"来控制。"阻塞"可以在模糊之前收缩内阴影的杂边边界，图4-111～图4-113是在不同数值下的效果。

图4-107　渐变

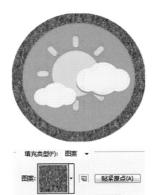

图4-108　图案描边

图4-109　设置面板

图4-110　原图像

图4-111　数值设置1

图4-115　原图像

五、内发光

"内发光"效果可以沿对象边缘向内创建发光效果，图4-114为"内发光"设置面板，图4-115为原图像。"内发光"与"外发光"除了"源"与"阻塞"外，其他选项几乎相同。

1. 源。设置发光光源的位置，"居中"表示光从对象的中心发出（图4-116），增加"大小"值，发光效果会向中央收缩；"边缘"表示光从对象的边缘发出（图4-117），增加"大小"值，发光效果会向中央扩展。

2. 阻塞。在模糊之前收缩内发光的杂边边界（图4-118、图4-119）。

图4-112　数值设置2　　　图4-113　数值设置3

图4-116　中心发光

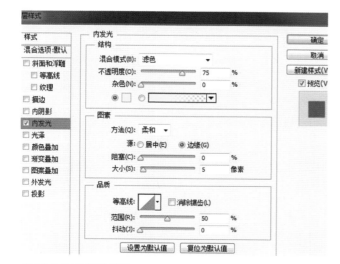

图4-114　设置面板

图4-117　边缘发光

六、光泽

"光泽"效果可以用来创建金属表面的光泽外观，通过更改"等高线"的样式产生不同的光泽效果（图4-120、图4-121）。图4-122为"光泽"的设置面板。

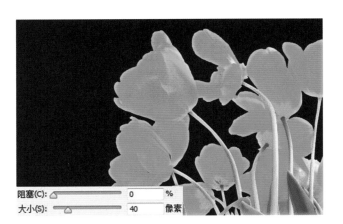

图4-118 阻塞设置1

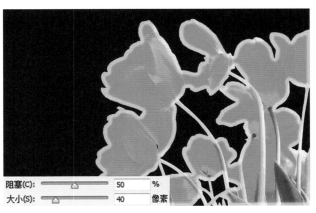

图4-119 阻塞设置2

图4-120 原图

图4-121 光泽效果

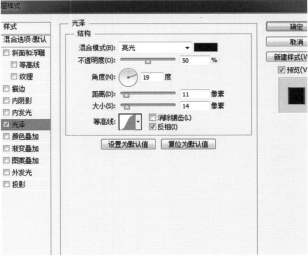

图4-122 设置面板

七、颜色叠加

"颜色叠加"效果可以为对象叠加指定的颜色。图4-123为"颜色叠加"的设置面板。通过调整混合模式、不透明度控制叠加效果（图4-124、图4-125）。

八、渐变叠加

"渐变叠加"效果可以为对象叠加指定的渐变颜色（图4-126～图4-128）。

九、图案叠加

"图案叠加"效果可以为对象叠加指定的图案，图4-129为"图案叠加"设置面板。通过调整混合模式、不透明度、缩放等参数控制效果（图4-130、图4-131）。

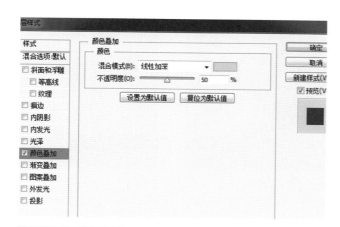

图4-123　设置面板

图4-124　原图

图4-125　叠加效果2

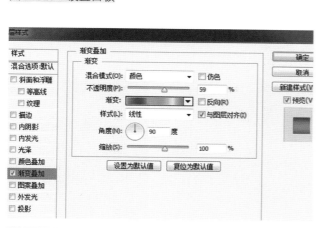

图4-126　设置面板

图4-127　原图

图4-128　渐变叠加

十、外发光

"外发光"效果可以沿对象边缘向外创建发光效果（图4-132~图4-134）。

1. 混合模式与不透明度。"混合模式"是设置发光效果与下面图层混合方式的选项，"不透明度"是设置发光效果不透明度的选项，该参数越低，发光效果越微弱。

2. 杂色。调整该数值，可以在发光效果中添加杂色，使光晕呈现颗粒感。

3. 发光颜色。单击"杂色"选项下面的颜色块，可以设置发光颜色（图4-135），单击右侧的颜色条，可以设置渐变颜色，创建渐变发光效果（图4-136）。

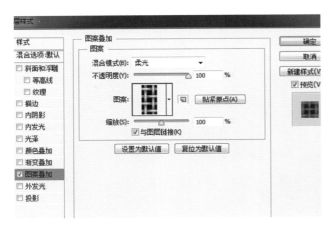

图4-129 设置面板

图4-130 原图

图4-131 图案叠加

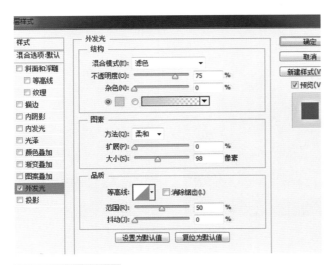

图4-132 设置面板

图4-133 原图

图4-134 外发光

4. 方法。设置发光的方法，选择"柔和"，可以得到柔和的边缘效果（图4-137），选择"精确"可以得到精确的边缘效果（图4-138）。

5. 扩展与大小。"扩展"是设置发光范围的选项，"大小"是设置光晕范围的选项。图4-139、图4-140为设置不同数值的效果。

十一、投影

"投影"效果可以为对象添加阴影，产生立体的效果（图4-141~图4-143）。

1. 混合模式。设置投影与下面图层的混合方式。

2. 投影颜色。点击"混合模式"右侧的颜色块，即可设置投影颜色。

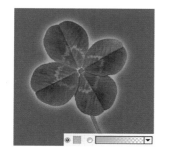

图4-135　发光颜色

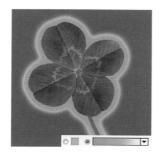

图4-136　渐变发光效果

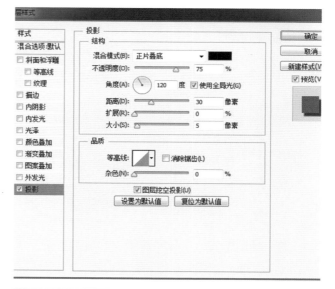

图4-141　"投影"设置面板

图4-137　柔和边缘

图4-138　精确边缘

图4-139　设置参数1

图4-140　设置参数2

图4-142　原图

图4-143　投影

图4-144　投影角度1　　　图4-145　投影角度2

图4-146　投影距离与角度　　　图4-147　参数设置1

图4-148　参数设置2　　　图4-149　添加杂色

图4-150　原图　　　图4-151　透明度调整

图4-152　图层复合

3．不透明度。通过拖动滑块或输入数值调整投影的不透明度，该参数越低，投影越淡。

4．角度。通过输入数值或拖动圆形内的指针来调整投影应用于图层的光照角度。图4-144、图4-145为不同角度时的效果。

5．使用全局光。勾选该选项后，可保持所有光照角度一致。

6．距离。设置投影偏移对象的距离，参数越高，投影越远，也可使用鼠标在文档窗口内拖动直接调整投影的距离和角度（图4-146）。

7．大小与扩展。"大小"是用来设置投影模糊范围的选项，该值越高，模糊范围越广。"扩展"是用来设置投影的扩展范围。图4-147、图4-148为不同参数时的效果。

8．等高线。等高线可以用来控制投影的形状。

9．消除锯齿。勾选该选项，可以混合等高线边缘的像素，使投影更加平滑。

10．杂色。调整该参数值，可在投影中添加杂色（图4-149）。

11．用图层挖空阴影。此选项用来控制半透明图层投影的可见性，勾选该选项，当图层填充不透明度＜100％时，半透明图层内的投影不可见（图4-150、图4-151）。

第七节　图层复合

一、图层复合控制面板

图层复合是将各图层的位置、透明度、样式等信息存储起来，记录同一图像的多个状态。在"图层复合"控制面板中可以创建、编辑、显示、删除图层复合对象（图4-152）。

1. 应用图层复合 ▣。该图标显示在当前使用的图层复合上，类似于"图层"控制面板中的眼睛图标 ◉。

2. 应用选中的上一图层复合 ◀。单击此按钮，切换到上一个图层复合。

3. 应用选中的下一图层复合 ▶。单击此按钮，切换到下一个图层复合。

4. 更新图层复合 ↻。更改了图层复合的配置，单击此按钮即可更新。

5. 创建新的图层复合 ▤。单击此按钮，可以创建新的图层复合。

6. 删除图层复合 🗑。单击此按钮，可以删除图层复合。

二、展示设计方案

1. 按快捷键Ctrl+O打开素材中的"素材—第4章—4.7.2展示设计方案"素材（图4-153、图4-154）。

2. 单击"图层复合"控制面板中的"创建新的图层复合"按钮 ▤，在打开的"新建图层复合"对话框中设置"名称"为"方案01"，勾选"可见性"选项（图4-155），设置完成后单击"确定"按钮。此时，"方案01"创建完成，记录了"图层"控制面板中的当前状态（图4-156）。

3. 在"图层"控制面板中将"图层3"隐藏，将"图层2"显示（图4-157），再次单击"图层复合"控制面板中的"创建新的图层复合"按钮 ▤，创建"方案02"（图4-158）。

4. 此时，我们就记录了两套方案，在"方案 01"和"方案02"名称前单击，使"应用图层复合"按钮 ▣ 显示，即可查看此图层复合，也可通过"应用选中的上一图层复合"按钮 ◀ 或"应用选中的下一图层复合"按钮 ▶ 来切换。

图4-153 素材

图4-154 素材

图4-155 勾选可见性

图4-156 当前状态

图4-157 隐藏图层3

图4-158 创建方案02

第八节 图层高级应用

一、制作发黄照片

1. 按快捷键Ctrl+O打开素材中的"素材—第4章—4.8.1制作发黄照片1"素材（图4-159）。

2. 在菜单栏单击"滤镜—镜头模糊"命令，打开"镜头模糊"对话框（图4-160），选择"自定"选项卡，调整"晕影"数量为-100（图5-161）。

3. 设置完成后单击"确定"按钮，照片四周效果变暗（图4-162）。

图4-159 素材图

图4-160 镜头模糊对话框

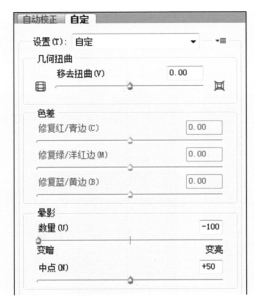

图4-161 调整"晕影"数量

图4-162 照片效果

4. 单击"滤镜—杂色—添加杂色"命令，打开"添加杂色"对话框，设置"数量"为12勾选"平均分布"（图4-163），此时照片出现杂色（图4-164）。

5. 单击"图层"面板底部的"创建新的填充或调整图层"按钮，选择"纯色"命令，在"拾色器"对话框中设置1个偏暗的黄色（R：138、G：123、B：92），设置完成后即可单击"确定"按钮，设置图层混合模式为"颜色"（图4-165），照片效果即发生变化（图4-166）。

6. 按快捷键Ctrl+O打开素材中的"素材—第4章—4.8.1制作发黄照片2"素材（图4-167）。使用"移动"工具将其拖动到文档中，设置图层混合模式为"柔光"，不透明度为64%（图4-168）。

7. 此时，发黄照片制作完成（图4-169）。

图4-163　设置杂色参数

图4-164　照片出现杂色

图4-165　设置

图4-166　照片效果

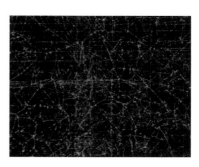

图4-167　素材

图4-168 设置参数

二、制作摇滚风格图像

1. 按快捷键Ctrl+O打开素材中的"素材—第4章—4.8.2制作摇滚风格图像1"素材。

2. 单击"图层"面板底部的"创建新的填充或调整图层"按钮 ◯，选择"色调分离"命令，在打开的"属性"控制面板中设置"色阶"为4（图4-170）。

3. 设置完成后，"色调分离"调整图层创建完成（图4-171），画面效果即有所变化（图4-172）。

4. 再次单击"创建新的填充或调整图层"按钮 ◯，选择"渐变映射"命令，在打开的"属性"控制面板中设置1个红色到白色的渐变条（图4-173），画面效果即有所变化（图4-174）。

5. 按快捷键Ctrl+O打开素材中的"素材—第4章—4.8.2制作摇滚风格图像2"素材（图4-175）。使用"移动"工具 ⊬将其拖动到文档中，设置图层混合模式为"滤色"（图4-176）。

6. 此时，摇滚风格图像制作完成，效果即有所变化（图4-177）。

图4-169 制作完成

图4-170 设置色阶

图4-171 色调分离

图4-172 画面效果

图4-173 设置渐变条

图4-174 画面效果

图4-175　素材

图4-176　"滤色"

图4-177　制作完成

课后练习

1. 当文档中没有背景图层时如何创建一个"背景"图层?

2. 如何一次选择多个相邻图层?

3. 如何同时对多个图层进行移动、变换等操作?

4. 当确定一个图层不会再修改时该如何保证不会因为操作其他图层的失误而影响到该图层?

5. 灵活运用"图案叠加"效果将两张普通照片合成一张充满肌理效果的图片。

6. 灵活运用"投影"效果将一张普通的图片做出立体的效果。

7. 灵活运用图层工具给自己制作一张充满艺术气息的照片。

第五章
色彩调整

PPT 课件　　本章素材　　本章教学视频

学习难度：★ ★ ★ ☆ ☆
重点概念：色彩、通道、运用

≺ 章节导读

　　本章主要介绍数码照片的色彩调整方法，这是 PhotoshopCC最强大的功能之一，色彩调整方便快捷，不仅能修饰照片的色彩，还能创造出各种特异效果，区别于其他图形图像软件。

第一节　色彩调整基础

一、调整命令

　　用于调整图像色调与颜色的各种命令位于菜单栏"图像"菜单中（图5-1），也有一部分常用命令放置在了"调整"控制面板中（图5-2）。

　　1. 调整颜色和色调的命令。"色阶"和"曲线"命令用于调整颜色和色调；"色相/饱和度"和"自然饱和度"命令用于调整色彩；"阴影/高光"和"曝光度"命令只用于调整色调。

　　2. 匹配、替换和混合颜色的命令。"匹配颜色""替换颜色""通道混合器"和"可选颜色"命令可以匹配替换图像的颜色或调整颜色通道。

　　3. 快速调整命令。"自动色调""自动对比度""自

图5-1　图像菜单

图5-2　调整面板

图5-3　原图像

图5-4　调整图像

图5-5　背景同步修改

图5-6　调整图层

图5-7　背景未被修改

图5-8　修改图像

图5-9　修改面板

图5-10　隐藏图层

图5-11　控制面板

动颜色"可以自动调整图片的颜色和色调;"照片滤镜""色彩平衡"和"变化"命令可以快速调整色彩;"亮度/对比度"和"色调均化"命令可以快速调整色调。

4．应用特殊颜色调整的命令。"反相""阈值""色调分离"和"渐变映射"命令可以将图像转换为负片、黑白等特殊效果。

二、调整命令与调整图层

调整命令可以通过"图像"菜单栏中的命令或使用调整图层来应用调整命令,都可以达到相同的调整结果,但"图像"菜单中的命令会修改图像的像素,而调整图层不会修改像素。

图5-3为原图像,单击"图像—调整—色相/饱和度"进行调整,"背景"图层中的像素会被修改(图5-4、图5-5)。

如果使用调整图层操作,会在当前图层上面创建1个调整图层,它会对下面图层产生影响,但不会改变下面图层像素(图5-6、图5-7)。

使用"图像"菜单中的命令调整后,不能修改调整参数,而调整图层可以随时修改(图5-8、图5-9),还可以隐藏或删除(图5-10、图5-11)。

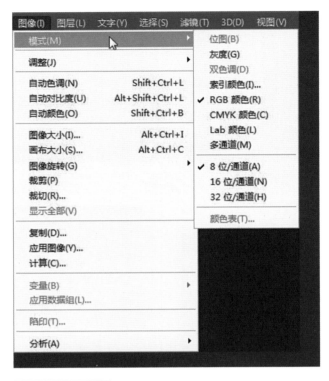

图5-12　图像模式

图5-13　对话框设置

第二节　照片颜色模式

颜色模式决定了所处理图像的颜色方法，在"图像—模式"下可以对颜色模式进行更改（图5-12），选择1种颜色模式，就是选用了某种特定的颜色模型。

一、位图模式

位图模式用黑和白来表示图像中的像素，彩色图像转换为该模式后，会丢失大量细节，色相和饱和度信息都会被删除，只保留亮度信息。打开1张RGB模式的彩色图像，单击"图像—模式—灰度"命令，现将其转换为灰度模式，再次单击"图像模式位图"命令，在弹出的"位图"对话框中设置图像的输出分辨率和转换方法（图5-13）。

还可以选择"50%阈值"（图5-14）、"图案仿色"（图5-15）、"扩散仿色"（图5-16）、"半调网屏"（图5-17）和"自定图案"（图5-18）等效果。

二、灰度模式

灰度模式不包含色彩信息，转换为该模式后，颜色信息会被扔掉。灰度模式可以使用多达256级灰度

图5-14　50%阈值

图5-15　图案仿色

图5-16　扩散仿色

图5-17　半调网屏

图5-18 自定图案

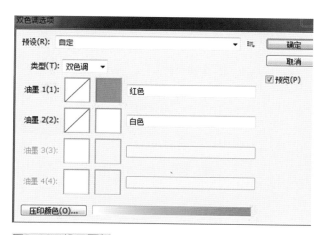
图5-19 设置面板

图5-20 双色调效果

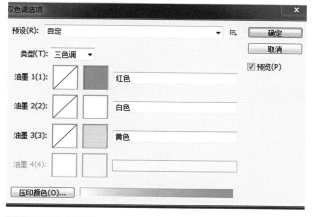
图5-21 设置面板

图5-22 三色调效果

来表现图像，0代表黑色，255代表白色，其他值代表了中间的过度灰，图像的过渡更平滑细腻。

三、双色调模式

双色调模式采用2-4种彩色油墨来创建由双色调、三色调和四色调混合其色阶组成的图像，双色调模式可以使用尽量少的颜色表现尽量多的颜色层次。图5-19、图5-20为双色调的设置面板及效果，图5-21、图5-22为三色调的设置面板及效果。

四、索引颜色模式

索引颜色模式可以使用256种或更少的颜色替代彩色图像中上百万种颜色，会构建1个颜色表存放图像中的颜色，如某种颜色没有出现在该表，程序会选取最接近的一种或使用仿色来模拟改颜色。

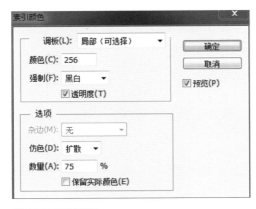

图5-23　对话框

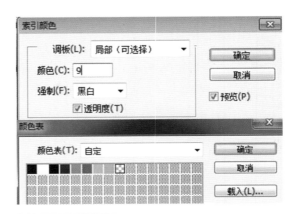

图5-24　设置面板

图5-25　"强制"为黑白

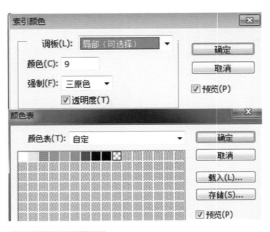

图5-26　设置面板

图5-27　"强制"为三原色

图5-23为"索引颜色"对话框，图5-24、图5-25为"颜色"为9，"强制"为"黑白"时构建的颜色表及图像效果，图5-26、图5-27为"颜色"为9，"强制"为"三原色"时构建的颜色表及图像效果。

五、RGB颜色模式

RGB是种加色混合模式，通过红绿蓝三种色光混合的方式显示颜色，目前的显示器大都是采用了RGB颜色标准，RGB颜色模式可以重现16777216（256×256×256）种颜色模式。

六、CMYK颜色模式

CMYK也称作印刷色彩模式，是一种依靠反光的色彩模式，通过青、品红、黄、黑四种色彩的混合再现其他成千上万种色彩，期刊、杂志、报纸、宣传画等都是CMYK模式。

七、Lab颜色模式

Lab颜色模式是在进行颜色模式转换时使用的中间模式，它的色域最宽，涵盖了RGB和CMYK的色域。L代表了亮度分量，a代表了由绿色到红色的光谱变化，b代表了由蓝色到黄色的光谱变化。

八、多通道模式

多通道模式适用于有特殊打印要求的图像，将RGB图像转换为该模式后，可以得到青色、洋红、

图5-28 通道面板

图5-29 多通道模式

图5-30 索引模式下图像

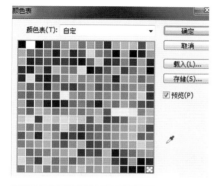

图5-31 索引模式下颜色表

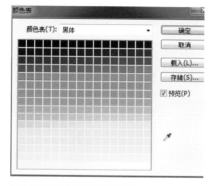

图5-32 预定义颜色表1

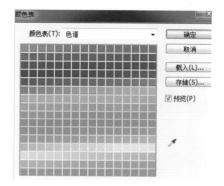

图5-33 预定义颜色表2

黄色通道。如果从RGB、CMYK或Lab图像中删除1个通道，图像将自动转换为多通道模式（图5-28、图5-29）。

九、位深度

位深度是显示器、数码相机、扫描仪等设备的术语，也称为像素深度或色深度。设备使用位深度存储颜色通道的颜色信息，位越多，图像包含的颜色和色调差就越大。

十、颜色表

将图像的颜色模式转换为索引模式后，单击"图像—调整—颜色表"命令，在打开的"颜色表"对话框中会显示提取的256种典型颜色。图5-30、图5-31为索引模式的图像和颜色表。

在"颜色表"下拉菜单中可以选择预定义的颜色表（图5-32、图5-33）。

- 补充要点 -

在PhotoshopCC中最常见的两种颜色模式就是RGB模式与CMYK模式，它们的区别主要有以下几点。

1. RGB色彩模式是发光的，存在于屏幕等显示设备中，不存在于印刷品中；CMYK色彩模式是反光的，需要外界辅助光源才能被感知，它是印刷品唯一的色彩模式。

2. 在色彩数量上，RGB色域的颜色数比CMYK要多，但两者各个部分色彩是互相独立的，即不可转换。

3. RGB通道灰度图中偏白表示发光程度高；CMYK通道灰度图中偏白表示油墨含量低。反之，表示发光程度低，油墨含量高。如果图像只在电脑上显示，就用RGB模式，这样可以得到较广的色域。如果图像需要打印或印刷，则必须使用CMYK模式，才能确保印刷品颜色与设计时一致。

第三节　快速调整色彩

一、自动色调

在菜单栏单击"图像—自动色调"命令，可以自动调整图像中的黑场和白场，使偏灰照片的色调变得更清晰（图5-34、图5-35）。

图5-34　原图

图5-35　自动色调

二、自动对比度

在菜单栏单击"图像—自动对比度"命令，可以自动调整图像的对比度，使亮的区域更亮，暗的区域更暗（图5-36、图5-37）。

图5-36　原图

图5-37　自动对比度

三、自动颜色

在菜单栏单击"图像自动颜色"命令，可以通过搜索图像来标识阴影、中间调和高光，自动调整照片的对比度和颜色（图5-38、图5-39）。

图5-38　原图

图5-39　图像自动颜色

第四节　色彩调整命令运用

一、运用自然饱和度命令调整照片

1. 按快捷键Ctrl+O打开素材中的"素材—第5章—5.4.1使用自然饱和度命令调整照片"素材（图5-40），可以观察到照片颜色苍白，人物肤色不够红润。

2. 单击"图像—调整—自然饱和度"命令，打开"自然饱和度"对话框，该对话框中有两个滑块，向左拖动可以降低颜色饱和度，向右拖动可以增加饱和度。向右拖动"饱和度"滑块，增加颜色饱和度，此时照片颜色过于鲜艳，很不自然（图5-41、图5-42）。

3. 向右拖动"自然饱和度"滑块增加饱和度时，即使将数值调到最高，也不会产生过于饱和的颜色，仍能保持自然、真实的效果（图5-43、图5-44）。

图5-40　素材

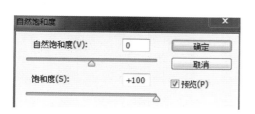

图5-41　对话框

图5-42　图像

图5-43　对话框

图5-44　图像

二、运用阈值命令制作手绘效果照片

1. 按快捷键Ctrl+O打开素材中的"素材—第5章—5.4.2使用阈值命令制作手绘效果照片"素材。

2. 单击"调整"控制面板中的"阈值"按钮  ，打开的"阈值"面板，面板中的直方图显示了图像像素的分布状况，拖动滑块或输入数值设置阈值色阶，比阈值亮的像素会转换为白色，暗的会转换为黑色（图5-45、图5-46）。

3. 选择"背景"图层，将其拖动到面板底部的"创建新图层"按钮 上复制图层（图5-47），按快捷键Ctrl+Shift+]将该图层移动到顶层（图5-48），单击"滤镜—风格化—查找边缘"命令即能呈现效果（图5-49）。

4. 按快捷键Ctrl+Shift+U去色，设置该图层混合模式为"正片叠底"（图5-50），效果即可呈现出来（图5-51）。

图5-45　控制面板

图5-46　颜色转换

图5-47　复制图层

图5-48　移到顶层

图5-49　效果呈现

图5-50　正片叠底

图5-51　呈现效果

三、运用照片滤镜命令制作版画风格照片

1. 按快捷键Ctrl+O打开素材中的"素材—第5章—5.4.3运用照片滤镜命令制作版画风格照片"素材。

2. 单击"滤镜—滤镜库"命令，在打开的"滤镜库"对话框中选择"艺术效果"下的"木刻"选项，在右侧设置"色阶数"为6、"边缘简化度"为1、"边缘逼真度"为2（图5-52），设置完成后单击"确定"按钮，效果即有所变化（图5-53）。

3. 单击"图像—调整—照片滤镜"命令，在打开的"照片滤镜"对话框中设置"滤镜"为"加温滤镜81"，"浓度"为68，勾选"保留明度"（图5-54），设置完成后单击"确定"按钮，效果即能呈现出来（图5-55）。

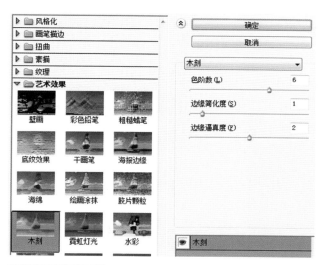

图5-52　参数设置

图5-53　呈现效果

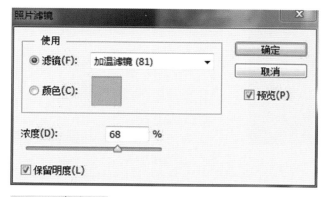

图5-54　参数设置

图5-55　呈现效果

四、运用匹配颜色命令匹配照片颜色

1. 按快捷键Ctrl+O打开素材中的"素材—第5章—5.4.4运用匹配颜色命令匹配照片颜色1、2"两张素材（图5-56、图5-57），单击建筑照片，将其作为当前操作文档。

2. 单击"图像—调整—运用匹配颜色命令匹配照片颜色2"命令，打开的"匹配颜色"对话框，在"源"的下拉列表中选择"5.4.4匹配颜色2"素材（图5-58），单击"确定"按钮可匹配完成，效果即能呈现出来（图5-59）。

五、通道混合器命令制作小清新风格照片

1. 按快捷键Ctrl+O打开素材中的"素材—第5章—5.4.5运用道混合器命令制作小清新风格照片"素材（图5-60）。

2. 单击"图像—调整—通道混合器"命令，在打开的"通道混合器"对话框中分别对"红"、"绿"、"蓝"通道进行调整（图5-61～图5-63），调整完成后效果有所变化（图5-64）。

图5-56　素材

图5-57　素材

图5-58　匹配颜色

图5-59　效果呈现

图5-60　素材

图5-61　对话框

图5-62 对话框

图5-63 对话框

图5-64 图像效果

图5-65 对话框

图5-66 图像效果

图5-67 对话框

图5-68 对话框

图5-69 图像效果

图5-70 新建图层

3. 单击"编辑—渐隐通道混合器"命令，在打开的"渐隐"对话框中设置混合模式为"叠加"、"不透明度"为65%（图5-65），调整完成后效果有所变化（图5-66）。

4. 单击"图像—调整—色相/饱和度"命令，在"色相/饱和度"对话框中对"全图"和"黄色"进行调整（图5-67、图5-68），调整完成后效果有所变化（图5-69）。

5. 新建图层（图5-70），设置前景色为米黄色（R：255、G：235、B：185），选取工具箱中的"渐变"工具，在工具属性栏选择前景色到透明色渐变（图5-71），在画面右侧填充线性渐变（图5-72），最后可以添加文字作为装饰（图5-73）。

图5-71　透明渐变

图5-72　线性渐变

图5-73　添加文字

第五节　色彩调整高级运用

一、使照片色调清晰明快

1. 按快捷键Ctrl+O打开素材中的"素材—第5章—5.5.1使照片色调清晰明快"素材（图5-74），照片曝光不足，色调灰暗。

2. 按快捷键Ctrl+L打开"色阶"对话框，在直方图中可以观察到阴影区域包含很多信息。将最右侧的控制滑块向左拖动，拖动到有颜色信息的位置（图5-75），效果即有所变化（图5-76）。

3. 按快捷键Ctrl+U打开"色相/饱和度"对话框，分别对"全图""红色""黄色""绿色"进行调节

（图5-77～图5-80），效果即有所变化（图5-81）。

4. 此时颜色鲜艳了，再单击"图像—自动色调"命令校正偏色，效果如（图5-82）。

图5-74　原图

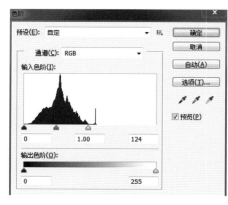

图5-75　参数设置

图5-76　图像效果

图5-77　全图调节

图5-78　红色调节

图5-79　黄色调节

图5-80　绿色调节

图5-81　图像效果

图5-82　效果呈现

二、使用通道调出夕阳余辉

1. 按快捷键Ctrl+O打开素材中的"素材—第5章—5.5.2使用通道调出夕阳余辉"素材（图5-83），色调冷清，我们将其改为夕阳西下的效果。

2. 按快捷键Ctrl+M，打开"曲线"对话框，选择"红"通道，并调整曲线（图5-84），为图像增加红色（图5-85）。

图5-83　素材

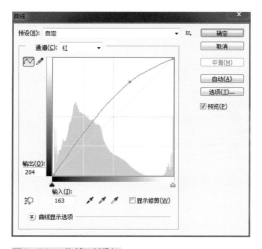

图5-84 曲线对话框

图5-85 增加红色

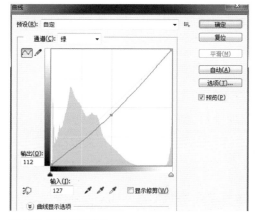

图5-86 调整曲线

图5-87 增加补色

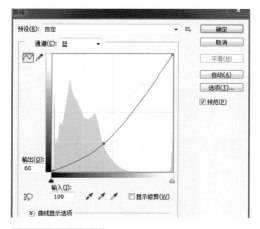

图5-88 调整曲线

图5-89 效果呈现

3. 选择"绿"通道,调整曲线,将绿色减少,增加其补色(图5-86、图5-87)。

4. 再选择"蓝"通道,调整曲线,将蓝色减少,能自动呈现出黄色(图5-88),此时画面中呈现出了夕阳效果(图5-89)。

三、使用Lab通道调出明快色彩

1. 按快捷键Ctrl+O打开素材中的"素材—第5章—5.5.3使用Lab通道调出明快色彩"素材(图5-90),我们将照片稍微调亮,使色调更加明快。

2. 单击"图像—模式—Lab颜色"命令,将照片转换为Lab模式,按快捷键Ctrl+M打开"曲线"对话框,按住Alt键并在网格上单击鼠标,以25%的增量显示网格(图5-91)。

3. 在"通道"下拉菜单中选择"a"通道,将上面的控制点向左侧水平移动两个网格,再将下面的控制点向右侧水平移动两个网格(图5-92、图5-93)。

4. 选择"b"通道,同样的将上下两个控制点水平移动两个网格(图5-94、图5-95)。

5. 选择"明度"通道,向左拖动上面的控制点,使照片最亮点成为白色,增加对比度(图5-96),再将曲线向上调整,即可将照片调亮(图5-97、图5-98)。

图5-90　素材

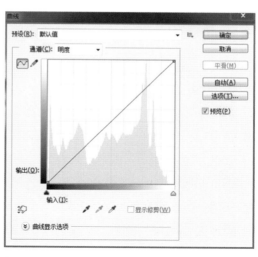

图5-91　lab模式

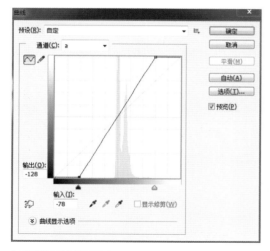

图5-92　曲线面板

图5-93　效果呈现

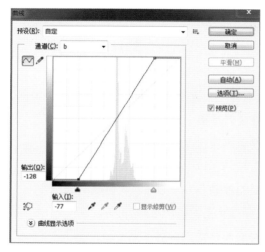

图5-94　曲线面板

图5-95　效果呈现

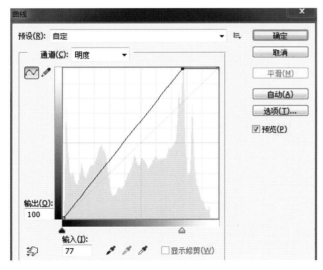

图5-96　曲线面板

图5-97　参数调整

图5-98　效果呈现

课后练习

1. "图像"菜单中的命令和调整图层命令两者之间有什么区别?

2. 灵活运用色彩调整基础命令将一只红苹果调整成青苹果。

3. 照片的颜色模式有哪些? 一般常见的是哪两种颜色模式?

4. RGB模式和CMYK模式两者之间的区别是什么?

5. 灵活运用阈值命令为一张自己的照片制作手绘的效果。

6. 灵活运用照片滤镜命令为一张风景照片制作油画效果。

7. 灵活运用色彩调整命令使一张昏暗的照片变得清晰明快。

第六章
蒙版与通道

PPT 课件　　　本章素材　　　本章教学视频

学习难度：★ ★ ★ ★ ☆
重点概念：遮盖、区域、通道

◀ 章节导读

　　本章主要介绍蒙版与通道的使用方法，这两　　过选取区域来变化丰富的效果，这部分内容是
种功能的共同特点在于都能选取照片区域，能通　　PhotoshopCC的操作难点。

第一节　蒙版基础

　　蒙版是一种非破坏性的遮盖图像的编辑工具，主要用于合成图像。
在"属性"面板中可以调整图层蒙版和矢量蒙版的不透明度和羽化范围
（图6-1）。

　　1. 当前选择的蒙版。在此显示了选中的蒙版及其类型，此时，在
"属性"控制面板中可对其进行编辑（图6-2）。

　　2. 添加图层蒙版/添加矢量蒙版。单击"添加图层蒙版"按钮▣，
可为当前图层添加图层蒙版；单击"添加矢量蒙版"按钮▣，可为当前
图层添加矢量蒙版。

　　3. 浓度。拖动"浓度"控制滑块可调整蒙版的不透明度（图6-3）。

　　4. 羽化。拖动"羽化"控制滑块可柔化蒙版的边缘（图6-4）。

　　5. 蒙版边缘。单击该按钮，在打开"调整蒙版"对话框中可修改
蒙版边缘，与选区的"调整边缘"命令基本相同。

图6-1　属性面板

图6-2　在面板中编辑

图6-3　浓度

图6-4　羽化

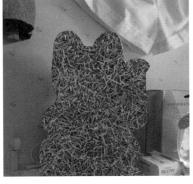

图6-5　反相

6．颜色范围。单击该按钮，在打开"颜色范围"对话框中可通过取样、调整颜色容差来修改蒙版范围。

7．反相。反转蒙版的遮盖区域（图6-5）。

8．从蒙版中载入选区 ■ 。单击该按钮可将蒙版

图6-6 停用/启用蒙版

中包含的选区载入。

9. 应用蒙版 ▥。单击该按钮可将蒙版应用到图像中，并删除被蒙版遮盖的图像。

10. 停用/启用蒙版 ◉。单击该按钮可停用或启用蒙版，被停用的蒙版缩览图上会出现红色的"×"（图6-6）。

11. 删除蒙版 ▥。单击该按钮可删除当前蒙版。

— 补充要点 —

蒙版是一种灰度图像，其作用就像一张布，可以遮盖住处理区域中的一部分，在对处理区域内的整个图像进行模糊，上色等操作时，被蒙版遮盖起来的部分就不会改变。

当蒙版的灰度色深增加时，被覆盖的区域会变得愈加透明，利用这一特性来改变图片中不同位置的透明度，甚至可以在蒙版上擦除图像，而不影响到图像本身。

第二节　矢量蒙版

一、创建矢量蒙版

1. 按快捷键Ctrl+O打开素材中的"素材—第6章—6.2.1创建矢量蒙版"素材，选择"图层1"（图6-7）。

2. 选取工具箱中的"自定形状工具"工具，在工具属性栏选择"路径"选项，在"形状"下拉菜单中选择"模糊点1"（图6-8），设置完成后在画面中拖动鼠标绘制路径（图6-9）。

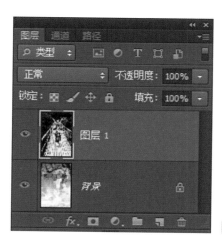

图6-7 选择图层一

图6-8　自定形状工具

图6-9　绘制路径

图6-10　创建矢量蒙版

图6-11　效果展示

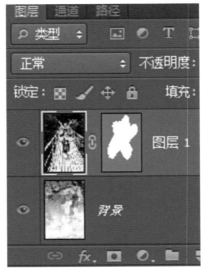

图6-12　图层样式

图6-13　图层

3．单击"图层—矢量蒙版—当前路径"命令或按住Ctrl键并单击"图层"控制面板中的"添加蒙版"按钮　，即可基于当前路径创建矢量蒙版，路径外的区域会被蒙版遮盖（图6-10、图6-11）。

二、添加效果

1．双击"图层1"（图6-12），打开"图层样式"对话框。

2．在"图层样式"中选择"描边"效果，设置

"大小"为5像素，颜色为黄色。

3．再选择"内阴影"效果，设置"角度"为25、"距离"为15、"阻塞"为0、"大小"为12。设置完成后单击"确定"按钮，为矢量蒙版添加效果完成（图6-13、图6-14）。

三、添加形状

1．单击矢量蒙版缩览图，缩览图会出现1个白色外框，此时进入蒙版编辑状态，矢量图形也会出现

图6-14　效果展示

图6-15　出现白色外框

图6-16　出现矢量图形

图6-17　选择形状

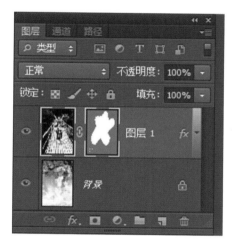

图6-18　添加至矢量蒙版

图6-19　效果展示

在画面中（图6-15、图6-16）。

2. 选取工具箱中的"自定形状工具"工具，在工具属性栏中选择合并形状选项，在形状下拉菜单中选择草形（图6-17），设置完成后，在画面中拖动鼠标绘制图形，将其添加到矢量蒙版中（图6-18、图6-19）。

3. 再在形状下拉菜单中选择爪印图形，在画面中拖动鼠标绘制图形，将爪印添加到矢量蒙版中（图6-20）。

四、编辑图形

1. 单击矢量蒙版缩览图，进入蒙版编辑状态（图6-21）。

2. 选取工具箱中的"路径选择"工具，在画面左下角的草图形上单击鼠标，将其选中（图6-22），按住Alt键并拖动鼠标，即可将其复制（图6-23）。

3. 按快捷键Ctrl+T自由变换，拖动控制点将图形放大并旋转（图6-24），按回车键确定。使用"路径选择"工具单击矢量图形并拖动可将其移动，蒙版的遮盖区域也会发生变化（图6-25）。

图6-20　效果展示

图6-21　单击缩览图

图6-22　选中草

图6-23　复制草

图6-24　放大图片

图6-25　蒙版区域变化

- 补充要点 -

　　矢量蒙版中创建的图案是矢量图。矢量蒙版可以使用"钢笔"工具 和"形状"工具 形进行编辑修改，从而改变蒙版的遮罩区域，也可以对它任意缩放而不必担心产生锯齿。矢量蒙版不仅可以用来抠图，还可以在照片上进行字体设计或图形设计。

第三节　剪贴蒙版

一、创建剪贴蒙版

1．按快捷键Ctrl+O打开素材中的"素材—第6章—6.3.1创建剪贴蒙版"素材，新建图层置于"背景"图层上方，并将"图层1"隐藏（图6-26）。

2．选取工具箱中的"自定形状工具"工具，在工具属性栏选择"像素"选项，在"形状"下拉菜单中选择心形图案，设置完成后，在画面中拖动鼠标绘制心形（图6-27）。

3．将"图层1"显示，单击"图层—创建剪贴蒙版"命令或快捷键Alt+Ctrl+G，将"图层1"与下面的图层创建为1个剪贴蒙版组（图6-28、图6-29）。

4．双击"图层3"，在打开的"图层样式"对话框中选择"描边"效果，设置"大小"为10，颜色为白色，效果即有所变化（图6-30）。

5．将"图层2"显示，效果即可呈现出来（图6-31）。

图6-26　隐藏图层

图6-27

图6-28　创建剪贴蒙版组

图6-29　效果展示

图6-30　效果展示

图6-31　效果呈现

图6-32　创建选区

图6-33　设置背景

图6-34　效果展示

二、神奇眼镜

1．按快捷键Ctrl+O打开素材中的"素材—第6章—6.3.2神奇眼镜1"素材，选取工具箱中的"魔棒"工具 ，在镜片处单击鼠标创建选区（图6-32）。

2．将背景色设置为白色，新建图层，按快捷键Ctrl+Delete将背景色填充到选区，按快捷键Ctrl+D取消选择（图6-33、图6-34）。

3．按住Ctrl键将"图层0"与"图层1"选中，单击"链接图层"按钮 ，将两个图层链接起来。

4．按快捷键Ctrl+O打开素材中的"素材—第6章—6.3.2神奇眼镜2"素材，使用"移动"工具 将眼镜素材拖入到该文档中（图6-35）。

5．将白色圆形所在的"图层3"拖动橘子图层下方（图6-36），效果即有所变化（图6-37）。

6．按住Alt键在"图层0"和"图层3"中间的分割线上单击鼠标，创建剪贴蒙版（图6-38），效果即有变化（图6-39）。

7．最后选择"图层2"，使用"移动"工具 在画面中拖动，眼镜移动到哪，镜片中就会显示彩色图像（图6-40）。

图6-35　拖入文档

图6-36　图层调整

图6-37　效果展示

图6-38　创建剪贴蒙版

图6-39　效果展示

图6-40　效果呈现

第四节　图层蒙版

一、原理

在图层蒙版中，白色对应的区域是可见区域，黑色对应的是被遮盖的区域，灰色区域的图像会呈现出透明效果（图6-41、图6-42）。

在图层蒙版中，我们可以使用所有的绘画工具来编辑它 。图6-43为使

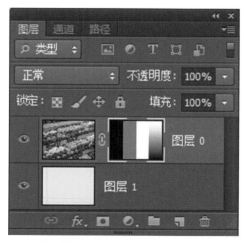

图6-41　面板

图6-42　图片效果

图6-43 蒙版效果

图6-44 蒙版效果

用"画笔"工具编辑蒙版产生的效果；图6-44为使用"渐变"工具 ▣ 编辑蒙版产生的效果。

二、创建图层蒙版

1. 按快捷键Ctrl+O打开素材中的"素材—第6章—6.4.2创建图层蒙版1、2"两张素材（图6-45）。

2. 使用"移动"工具 ⊕ 将汽车拖入到鼠标文档中，生成"图层1"，设置图层"不透明度"为30%，按快捷键Ctrl+T，拖动控制点将汽车调整到合适的大小（图6-46），按住Ctrl键拖动控制点对图像进行变形，使汽车与鼠标的透视角度相符（图6-47），按回车键确定操作。

3. 单击"图层"控制面板中的"添加蒙版"按钮 ▣，为图层添加蒙版，使用"画笔"工具 ✐ 在汽车车身上涂抹黑色（图6-48、图6-49）。

4. 将"图层1"的不透明度设置为100%，再使用"画笔"工具 ✐ 在车轮四周仔细涂抹，效果即可呈现（图6-50）。

图6-45 素材

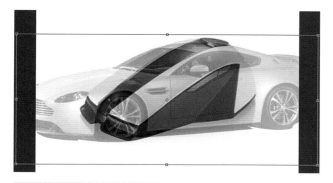

图6-46 调整汽车合适大小

图6-47 调整角度

图6-48 添加蒙版

图6-49 效果显示

图6-50 效果呈现

5. 图像合成后，需要再调整轮胎的颜色，使效果更逼真。按住Ctrl键并单击蒙版缩览图，载入选区（图6-51、图6-52）。

6. 在"调整"控制面板中单击"色彩平衡"按钮，在"属性"控制面板中设置"红色"为43、"洋红"为18、"黄色"为13（图6-53），创建调整图层，效果即可呈现出来（图6-54）。

图6-51 参数设置

图6-52 效果显示

图6-53 参数调整

图6-54 效果呈现

图6-55　自动创建通道

图6-56　RGB模式

图6-57　CMYK模式

图6-58　Lab模式

第五节　通道基础

一、通道面板

在"通道"控制面板中可以创建、保存和管理通道，打开图像时，PhotoshopCC会自动创建通道（图6-55）。

1. 复合通道。通道控制面板中最先列出的就是复合通道。

2. 颜色通道。记录图像颜色信息的通道。

3. 专色通道。保存专色油墨的通道。

4. Alpha通道。保存选区的通道。

5. 将通道作为选区载入 ▦。单击该按钮可以将通道内的选区载入。

6. 将选区存储为通道 ◙。单击该按钮可将选区保存在通道内。

7. 创建新通道 ▣。单击该按钮即可创建Alpha Z道。

8. 删除当前通道 ▥。单击该按钮可删除选择的通道，复合通道除外。

二、通道种类

1. 颜色通道。颜色通道记录了图像内容和颜色信息，不同的颜色模式，通道的数量也不相同。图6-56～图6-58分别为RGB、CMYK和Lab模式下的通道。位图、灰度、双色调和索引模式都只有1个通道。

2. Alpha通道。Alpha通道有保存选区、将选区存储为灰度图像、从Alpha通道中载入选区的功能。在Alpha通道中白色表示可以被选择的区域，黑色表示不能被选择的区域，灰色表示羽化区域。图6-59为原图像，图6-60、图6-61为在Alpha通道中制作灰度阶梯可以选取出的图像。

3. 专色通道。使用专色通道来存储印刷用的专色，如金银色油墨、荧光油墨等。专色通道一般是以专色的名称命名的。

图6-59 原图

图6-60 可选取图像

图6-61 通道

第六节 编辑通道

一、基础操作

在"通道"控制面板中单击1个通道即可将其选择，文档窗口中会显示所选通道的灰度图（图6-62），按住Shift键多选择多个通道，窗口中会显示所选通道的复合信息（图6-63）。单击RGB复合通道可重新显示其他颜色通道（图6-64）。

二、Alpha通道与选区的转换

在画面中创建了选区后，单击"通道"控制面板中的"将选区存储为通道"按钮■，即可将选区保

图6-63 复合信息

图6-62 灰度图

图6-64 其他颜色通道

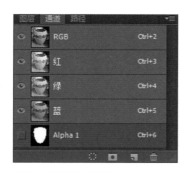
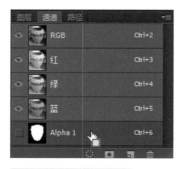

图6-65　创建选区　　　　图6-66　存至通道　　　　图6-67　选择载入通道　　　　图6-68　载入通道中选区

存至Alpha通道中（图6-65、图6-66）。

　　选择要载入选区的Alpha通道，单击"将通道作为选区载入"按钮 ，或按住Ctrl键并单击Alpha通道都可载入通道中的选区（图6-67、图6-68）。

三、定义专色

　　1.　按快捷键Ctrl+O打开素材中的"素材—第6章—6.6.3定义专色"素材（图6-69），选取工具箱中的"魔棒"工具 ，设置"容差"为120，取消勾

选"连续"，设置完成后，在黑色区域上单击鼠标，将黑色区域选中（图6-70）。

　　2.　在"通道"控制面板菜单中单击"新建专色通道" 命令（图6-71），在"新建专色通道"对话框中设置"密度"为100％，单击颜色块，在打开的"拾色器"对话框中单击"颜色库"按钮，在"颜色库"中选择1种专色（图6-72、图6-73）。

　　3.　单击"确定"按钮，在"新建专色通道"对话框中不要修改"名称"，再次单击"确定"按钮，专色通道创建完成（图6-74、图6-75）。

图6-69　素材　　　　图6-70　选中黑色区域　　图6-71　新建专色通道　　　　图6-72　打开对话框

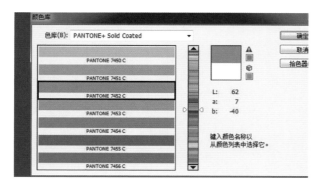

图6-73　选取一种颜色　　　　　　图6-74　不修改名称　　　　图6-75　创建完成

四、分离通道

1. 按快捷键Ctrl+O打开素材中的"素材—第6章—6.6.4分离通道"素材，（图6-76）为通道信息。

2. 单击"通道"控制面板菜单中的"分离通道"命令，即可将通道分离成单独的灰度图像文件（图6-77），文件名称为原图像名称加通道名称。PSD分层图像不能执行"分离通道"操作。

五、创建彩色图像

1. 按快捷键Ctrl+O打开素材中的"素材—第6章—6.6.5创建彩色图像红、蓝、绿"3张素材。

2. 单击"通道"控制面板菜单中的"合并通道"命令，在打开的"合并通道"对话框中设置"模式"为"RGB颜色"（图6-78），单击"确定"按钮后，在弹出的"合并RGB通道"对话框中将图像文件对应到颜色通道中（图6-79）。

3. 单击"确定"按钮后，它们将自动合并为1个彩色的RGB图像（图6-80、图6-81）。

图6-76 通道信息

图6-77 灰度图像文件

图6-78 颜色模式

图6-79 对应颜色通道

图6-80 效果呈现

图6-81 自动合并

课后练习

1. 蒙版的作用是什么？它的有利特性是什么？
2. 矢量蒙版可以利用哪些工具进行编辑而不用担心因为它的任意缩放而产生锯齿？
3. 选择一幅自己的照片灵活运用剪贴蒙版给图片进行加工，创作一幅自己心仪的图片。
4. 根据自己的需要选择两张照片，灵活运用图层蒙版创作出一幅有创意的作品。
5. Alpha通道最主要的用途是什么？
6. 不能执行"分离通道"操作的分层图像是什么？
7. 通道有哪几个种类？每个种类的特性是什么？

PPT 课件　　　本章素材　　　本章教学视频

学习难度：★ ★ ★ ★ ☆
重点概念：描边、形状、填充

◁ **章节导读**

　　本章主要介绍路径矢量工具的使用方法，它能绘制出各种图形，为图片修饰提供方便，PhotoshopCC还附带各种矢量图形模板可供选用，是丰富图片修饰效果的重要工具之一。

第一节　路径矢量基础

一、绘图模式

　　在PhotoshopCC中，采用"钢笔"工具 🖊️ 等矢量工具可以创建形状图层、工作路径和像素图形，但是需要先在工具属性栏中设置相应的绘制模式，再进行绘制。

　　1. 设置绘图模式为"形状"后，可在单独的形状图层中绘制形状，形状是1个矢量图形，也出现在"路径"面板中（图7-1）。

图7-1　设置模式为形状

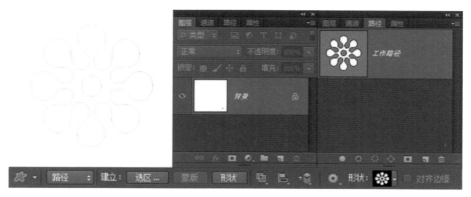

图7-2　设置模式为路径

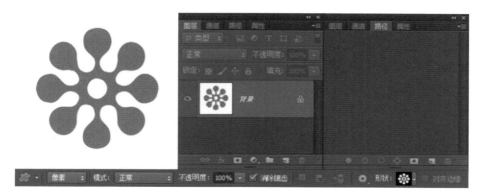

图7-3　设置模式为像素

图7-4　形状模式

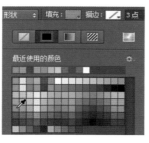

图7-5　纯色填充及效果显示

2. 设置绘图模式为"路径"后，可创建路径，出现在"路径"面板中（图7-2），路径可以转换成选区或矢量蒙版，也可进行填充或描边操作。

3. 设置绘图模式为"像素"后，可在当前图层上绘制栅格化图形，填充颜色为前景色，"路径"面板中没有路径（图7-3）。

二、形状

设置绘图模式为"形状"后，可在"填充"或"描边"下拉列表中选择无、纯色、渐变或图案进行填充和描边（图7-4）。图7-5～图7-7为使用纯

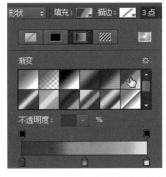

图7-6　渐变填充及效果显示

图7-7　图案填充及效果显示

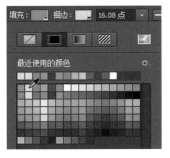

图7-8　纯色描边及效果显示

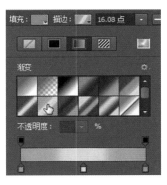

图7-9　渐变描边及效果显示

图7-10　图案描边及效果显示

图7-11　不同的描边宽度

色、渐变和图案对图形进行填充的效果。图7-8～图7-10为使用纯色、渐变和图案对图形进行描边的效果。

　　在"描边"右侧的文本框中输入数值或单击展开按钮 ⬍，在弹出的下拉菜单中拖动滑块都可调整描边宽度（图7-11）。

　　单击工具栏中"设置形状描边类型"选项中的展开按钮，可以在弹出的下拉菜单中设置描边类型（图7-12）。图7-13～图7-15为实线、虚线、圆点描

边的效果。

　　1. 对齐。单击展开按钮 ⬍，在下拉菜单中可以选择描边与路径的对齐方式（图7-16），有内部、居中、外部可供选择。

　　2. 端点。单击展开按钮 ⬍，在下拉菜单中可以选择路径端点的样式（图7-17）。图7-18～图7-20分别为端面、圆形和方形的效果。

　　3. 角点。单击展开按钮 ⬍，在下拉菜单中选择路径转角处的转折样式（图7-21）。图7-22～图

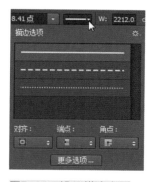

图7-12 设置描边类型

图7-13 实线描边

图7-14 虚线描边

图7-15 圆点描边

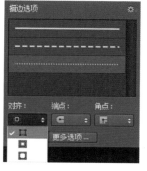

图7-16 对齐

图7-17 路径

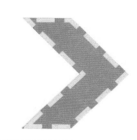

图7-18 端面

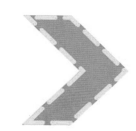

图7-19 圆形

图7-20 方形

图7-21 角点

图7-22 斜接

图7-23 圆形

图7-24 斜面

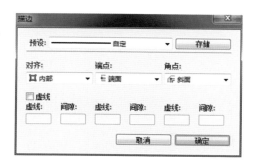

图7-25 更多选项

7-24分别为斜接、圆形和斜面的效果。

4.更多选项。单击该按钮，打开的"描边"对话框，在此除了可以设置预设、对齐、端点和角点，还可以设置虚线间距（图7-25）。

三、路径

设置绘图模式为"路径"后绘制路径，按工具属性栏的"选区""蒙版""形状"按钮可以将路径转换为选区、蒙版和形状（图7-26~图7-29）。

四、像素

设置绘图模式为"像素"后绘制图像，可以在工具属性栏设置混合模式和不透明度（图7-30），勾选"消除锯齿"选项可以平滑图像的边缘。

五、路径与锚点特征

1. 路径。是可以转换为选区、使用颜色填充或描边的轮廓，包括开放式路径（图7-31）、闭合式路径（图7-32）和由多个独立路径组成的路径组（图7-33）。

2. 锚点。用来连接路径段，分为平滑点和角点两种，平滑点可以连接成平滑的曲线（图7-34），角点连接成直线（图7-35）或转角曲线（图7-36）。

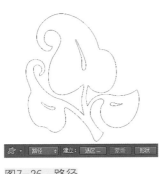

图7-26　路径

图7-27　选区

图7-28　蒙版

图7-29　形状

图7-30　设置

图7-31　开放式路径

图7-32　闭合式路径

图7-33　路径组

图7-34　平滑曲线

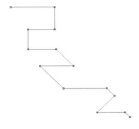

图7-35　直线

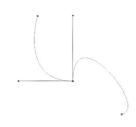

图7-36　转角曲线

第二节 钢笔工具

一、绘制转角曲线

1. 按快捷键Ctrl+N打开"新建"对话框,设置文件大小为600像素×600像素,分辨率为100像素/英寸(图7-37)。单击"视图—显示网格"命令使网格显示(图7-38),单击"编辑—首选项—参考性、网格和切片"命令,在打开的"首选项"对话框中可调整网格颜色、样式、间隔和子网格数量(图7-39)。

2. 选取工具箱中的"钢笔"工具 ✐,在工具属性栏设置为"路径"选项,在画面中单击鼠标并向右上方拖动创建1个平滑点(图7-40),将光标移至下1个锚点的位置,单击鼠标并向下拖动(图7-41),再将光标移至下1个锚点的位置,单击鼠标不要拖动,创建1个角点(图7-42)。

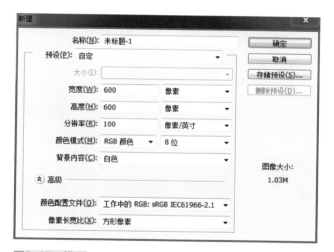

图7-37 设置

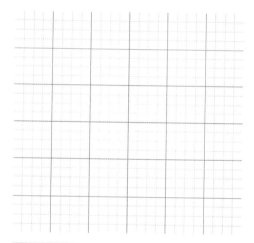

图7-38 显示网格

图7-39 参数设置

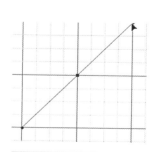

图7-40 平滑点

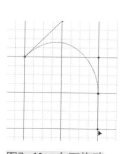

图7-41 向下拖动

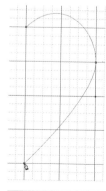

图7-42 创建角点

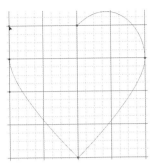
图7-43 拖动锚点

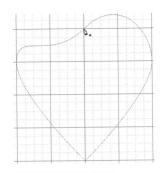
图7-44 闭合路径

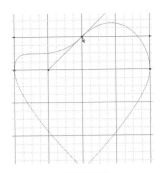
图7-45 显示锚点

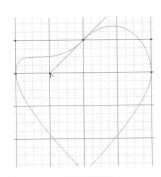
图7-46 调整角度

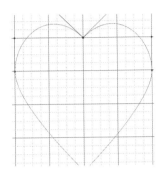
图7-47 对称

图7-48 隐藏网格

图7-49 打开面板

图7-50 显示

图7-51 输入名称

图7-52 在形状下

3. 将光标移至对称的锚点的位置上单击鼠标并向上拖动（图7-43），将光标放在路径的起点处，单击鼠标闭合路径（图7-44）。

4. 按住Ctrl键切换为"直接选择"工具，在路径的起始点单击鼠标，会显示锚点（图7-45）；按住Alt键切换为"转换点"工具，在左下角的方向线上单击鼠标并向上拖动，使之与右侧的方向线对称（图7-46、图7-47）。按快捷键Ctrl+'隐藏网格（图7-48）。

二、自定义形状

1. "心形"绘制完成后，打开"路径"控制面板，选择该路径，画面中也会将其显示（图7-49、图7-50）。

2. 单击"编辑—定义自定形状"命令，在打开的"形状名称"对话框中可以输入名称（图7-51），按"确定"按钮后完成保存。

3. 选取工具箱中的"自定形状"工具，在工具属性栏"形状"下拉面板中可以将其找到（图7-52）。

- 补充要点 -

除了常规钢笔外，还有"自由钢笔"工具与"磁性钢笔"工具可以选用。"自由钢笔"工具可以用来绘制随意图形，选取该工具后，在画面中单击并拖动鼠标可绘制路径，在路径上双击鼠标可添加锚点。选取"自由钢笔"工具 后，在工具属性栏将"磁性的"选项勾选，即可转换为"磁性钢笔"工具，在对象边缘单击鼠标，创建锚点后松开鼠标并沿对象边缘拖动，即可紧贴对象轮廓生成路径。使用"钢笔"工具时，可以点击按钮在路径上任意增加或删减锚点，以便控制曲线的平滑效果。

第三节　路径面板

一、新建路径

在"路径"控制面板中单击"创建新路径"按钮 ，即可创建1个新路径层（图7-53）。按住Alt键并单击"创建新路径"按钮 ，可以在打开的"新建路径"对话框中设置路径名称（图7-54、图7-55）。

二、路径与选区的转换

1. 按快捷键Ctrl+O打开素材中的"素材—第7章—7.3.2路径与选区的转换"素材，选取工具箱中的"快速选择"工具 在人物上创建选区（图7-56）。

图7-53　创建新路径层

图7-54　设置路径名称

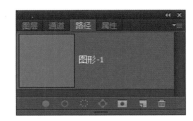

图7-55　设置成功

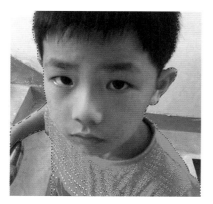

图7-56　创建选区

图7-57　转为路径

图7-58　效果显示

图7-59　载入选区

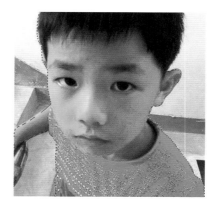

图7-60　效果显示

2. 在"路径"控制面板中单击"从选区生成工作路径"按钮 ，将选区转换为路径（图7-57、图7-58）。

3. 在"路径"控制面板中单击"将路径作为选区载入"按钮 ，载入路径中的选区（图7-59、图7-60）。

三、使用历史记录调板填充路径区域

1. 按快捷键Ctrl+O打开素材中的"素材—第7章—7.3.3使用历史记录调板填充路径区域"素材（图7-61）。单击"滤镜—模糊—径向模糊"命令，在打开的"径向模糊"对话框中设置"数量"为10（图7-62），效果即有所变化（图7-63）。

2. 打开"历史记录"面板，单击"创建新快照"按钮 可以创建1个快照（图7-64），在"快照1"前面单击，设置"快照1"为历史记录的源（图7-65）。

3. 单击"打开"步骤（图7-66），将照片恢复到打开时的状态（图7-67）。

图7-61　素材

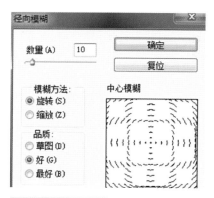

图7-62　参数设置

图7-63　效果显示

图7-64　创建快照

图7-65　历史记录的源

图7-66　打开

图7-67　恢复状态

图7-68　选择

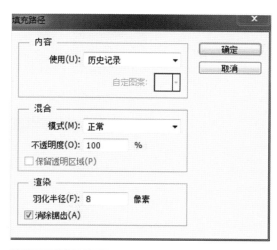

图7-69　参数设置

图7-70　效果呈现

4. 在"路径"控制面板中选择"路径1"（图7-68），单击面板菜单中的"填充路径"命令，在打开的"填充路径"对话框中设置"使用"为"路径"，"羽化半径"为8像素（图7-69），单击"确定"按钮填充路径区域，在面板空白处单击将路径隐藏，效果即可呈现出来（图7-70）。

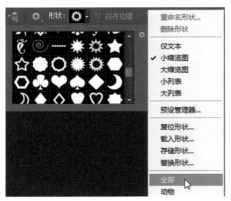

图7-71

图7-72　绘制路径

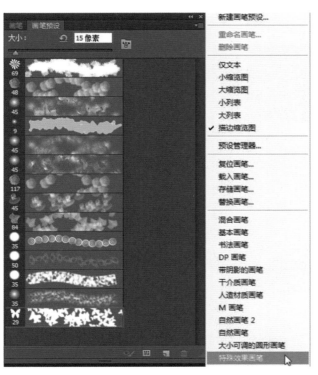

图7-73　选择笔尖

四、画笔描边路径

1. 按快捷键Ctrl+N打开"新建"对话框，设置文件大小为20厘米×20厘米，分辨率为100像素/英寸。

2. 选取工具箱中的"自定形状"工具，在工具属性栏设置为"路径"选项，打开"形状"下拉面板，单击"设置"按钮，在打开的下拉菜单中选择"全部"命令加载图形，选择"花边框"图形（图7-71）。

3. 设置完成后。按住Shift键在画面中绘制路径（图7-72）。

4. 选取工具箱中的"画笔"工具，打开"画笔预设"面板，加载"特殊效果画笔"画笔库，选择"缤纷蝴蝶"笔尖，设置"大小"为15像素（图7-73）。

5. 调整前景色与背景色（图7-74），单击"路径"控制面板中的"描边路径"命令（图7-75），在打开的"描边路径"对话框中选择"画笔"（图7-76），单击"确定"按钮，在面板空白处单击将路径隐藏，效果即可呈现出来（图7-77）。

图7-74　颜色　　图7-75　路径命令

图7-76　选择画笔

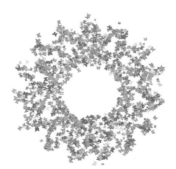

图7-77　效果呈现

课后练习

1. 绘图模式有哪几种？这几种绘图模式各自有什么特点？

2. 选择一张纯色的爱心图案，将绘图模式设置成"形状"后，练习"填充"和"描边"的各种操作。

3. 当绘图模式为"路径"时绘制路径可以将其转换成什么？

4. 路径和锚点各自的特征是什么？`

5. 除了使用常规钢笔工具绘制转角曲线外还可以使用哪两种工具进行绘制？

6. 运用钢笔工具绘制一个"花朵"图案并自定义该形状。

7. 选择一张自己的照片根据"使用历史记录调板填充路径区域"这一课来进行练习操作。

第八章
滤镜

PPT 课件

本章素材

本章教学视频

学习难度：★★★☆☆
重点概念：内置、外挂、修饰

◄ 章节导读

　　本章主要介绍滤镜的使用方法，滤镜能瞬间改变图片的风格，以截然不同的方式赋予图片全新的意境，给人意想不到的效果。滤镜操作虽然简单，但是也要根据创意来选用。

第一节　滤镜基础

一、滤镜

　　滤镜本是一种摄影器材，能够产生特殊的拍摄效果，在PhotoshopCC中，特殊效果使用滤镜也能够表现出来。PhotoshopCC滤镜是一种插件模块，通过改变像素的位置和颜色生成特效，图8-1为原图像，图8-2为"染色玻璃"滤镜处理后的图像。

　　所有滤镜都在"滤镜"菜单下（图8-3），分为内置滤镜和外挂滤镜两类，内置滤镜是PhotoshopCC自带的滤镜，外挂滤镜是由其他厂商开发，需要安装在PhotoshopCC中才能使用的滤镜，外挂滤镜出现在"滤镜"菜单底部。

　　滤镜使用比较简单，使用滤镜前，需要选择要修

图8-1　原图像

图8-2　滤镜处理

饰的图层，并且图层是可见的。如创建了选区，滤镜只能处理选区内的图像（图8-4）；如未创建选区，则会处理图层中的全部图像（图8-5）。

滤镜处理是以像素为单位进行计算的，即使相同的参数处理不同分辨率的图像，效果也是不同的。滤镜可以对图层蒙版、快速蒙版和通道进行操作。

二、使用技巧

在任何滤镜对话框中按住Alt键，"取消"按钮会变成"复位"按钮，单击该按钮可将参数恢复（图8-6）。

使用滤镜后，在"滤镜"菜单的第1行会显示上次使用滤镜的名称（图8-7），单击或按快捷键Ctrl+F可快速应用该滤镜，按快捷键Ctrl+Alt+F可打开该滤镜对话框重新设定参数。

在应用滤镜的过程中按下Esc键可终止处理。使用滤镜时，在打开的滤镜库或相应的对话框中可预览滤镜效果，单击"放大" ⊞ 或"缩小" ⊟ 按钮可调整显示比例；在预览图上单击并拖动鼠标可移动图像（图8-8），在文档中单击要查看的区域，预览框中就会显示单击处的图像（图8-9）。

在使用滤镜处理图像后，单击"编辑—渐隐"命令，可以修改滤镜效果的混合模式和不透明度。图8-10为使用"马赛克"命令后的效果，图8-11为使用"渐隐"命令编辑后的效果，"渐隐"命令必须在滤镜操作后立即执行。

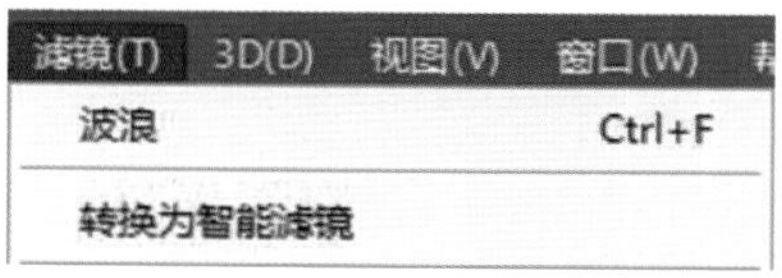

在Photoshop中使用部分滤镜处理高分辨率图像时会占用大量内存，使处理速度变慢。遇到这种情况时，可先在局部区域上试验滤镜，再应用于整个图像，或使用滤镜之前单击"编辑—清理"命令释放内存，也可退出其他程序减少内存占用。

单击"滤镜—浏览联机滤镜"命令，还可以打开Adobe网站，查找需要的滤镜和增效工具（图8-12）。

图8-4　创建选区

图8-3　滤镜菜单

图8-5　未创建选区

图8-6　复位

图8-7　滤镜名称

图8-8　移动图像

图8-9 图像预览

图8-10 "马赛克"滤镜

图8-11 "渐隐"滤镜

图8-12 查找滤镜与增效工具

图8-13 修改前

图8-14 修改后

第二节 智能滤镜

一、智能滤镜与普通滤镜的区别

普通滤镜通过修改像素生成效果，经过处理后，"背景"图层会被修改，文件被保存并关闭后，无法恢复到原来的效果（图8-13、图8-14）。

智能滤镜是一种将滤镜效果应用于智能对象的非破坏性滤镜，它的滤镜效果与普通滤镜完全相同（图8-15），在智能滤镜的"滤镜库"前单击 ◉ 将其隐藏，图像即可恢复原始效果（图8-16）。

二、制作网点照片

1. 按快捷键Ctrl+O打开素材中的"素材—第8章—8.2.2制作网点照片"素材。

2. 单击"滤镜—转换为智能滤镜"命令，在弹出的提示信息对话框中单击"确定"按钮（图8-17），"背景"图层即转换为智能对象（图8-18）。

按快捷键Ctrl+J将"背景"图层复制，设置前景色为黄色（R：255、G：216、B：0）。单击"滤镜—素描—半调图案"命令，在打开的"滤镜库"对话框中设置"图像类型"为"网点"，并设置参数（图8-19），设置完成后，单击"确定"按钮，效果即有所变化（图8-20、图8-21）。

3. 单击"滤镜—锐化—USM锐化"命令，设置参数（图8-22），使图像网点更加清晰（图8-23）。

4. 将"图层0副本"混合模式设置为"正片叠底"（图8-24），选择"图层0"。

图8-15　效果相同

图8-16　可恢复原始效果

图8-17　点击"确定"

图8-18　图层转换

图8-19　图像类型

图8-20　设置面板

图8-21　效果显示

图8-22　参数设置

图8-23　图像清晰

图8-24　模式设置

图8-25 效果显示

图8-26 效果呈现

图8-27 双击滤镜

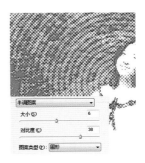

图8-28 效果显示

图8-29 双击按钮

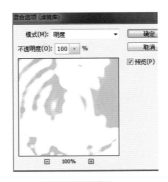

图8-30 参数设置

图8-31 效果显示

5．设置前景色为蓝色（ R：0、G：180、B：255），单击"滤镜—素描—半调图案"命令，使用默认参数，再单击"滤镜—锐化—USM锐化"命令，不改变参数，效果即有所变化（图8-25）。

6．选取工具箱中的"移动"工具 ，按键盘上的方向键轻移图层，使两个图层网点错开，再使用"裁剪"工具 将照片边缘裁整齐，效果即能呈现出来（图8-26）。

– 补充要点 –

选用滤镜应熟悉其变化效果，盲目尝试只会浪费时间，不宜将多种滤镜同时用在1张照片上，应该根据要表现的效果来选择适宜的滤镜，滤镜操作前应复制新图层，在新图层上赋予滤镜，并及时保存。

三、修改智能滤镜

1．在"图层"控制面板中双击"图层0副本"图层的"半调图案"智能滤镜（图8-27），在重新打开"滤镜库"对话框中设置"图案类型"为"圆形"并修改参数，单击"确定"按钮，效果即有所变化（图8-28）。

2．双击智能滤镜右侧的"编辑滤镜混合选项"按钮 （图8-29），在打开的"混合选项"对话框中设置滤镜的不透明度和混合模式（图8-30），效果即能呈现出来（图8-31）。

四、遮盖智能滤镜

1．在"图层"控制面板中单击智能滤镜的蒙版，将其选择，如需遮盖某处滤镜效果，可用黑色绘制，要显示某处滤镜效果，可用白色绘制（图8-32）。

图8-32 智能滤镜蒙版

图8-33 灰色绘制

图8-34 效果1

图8-35 效果2

2. 使用灰色绘制可减弱滤镜效果的强度（图8-33），使用"渐变"工具填充黑白渐变，可对滤镜效果进行过渡自然的遮盖。

五、排列智能滤镜

当对1个图层应用了多个智能滤镜后，可拖动滤镜，重新排列他们的顺序，图像效果也会发生改变（图8-34、图8-35）。

六、智能滤镜的显示与隐藏

单击智能滤镜左侧的眼睛图标，可隐藏单个智能滤镜（图8-36）；单击智能滤镜蒙版左侧的眼睛图标 👁，可将应用于智能对象的所有智能滤镜隐藏（图8-37），也可单击"图层—智能滤镜—停用智能滤镜"命令。再次在眼睛图标处 👁 单击鼠标，可重新显示智能滤镜。

七、智能滤镜的复制与删除

在"图层"控制面板中，按住Alt键并将智能滤镜拖动到其他智能对象上，放开鼠标即可完成复制（图8-38、图8-39）。如要复制所有智能滤镜，按住Alt键并将智能滤镜右侧的智能滤镜图标█拖动到其他智能对象上。

将要删除的单个智能滤镜拖动到"图层"控制面板底部的"删除"按钮█上即可删除（图8-40、图8-41）；选择智能对象图层，单击"图层—智能滤镜—清除智能滤镜"命令，可将应用于该图层的所有智能滤镜删除（图8-42）。

图8-36　隐藏滤镜

图8-37　隐藏所有滤镜

图8-38　复制

图8-39　复制

图8-40　删除

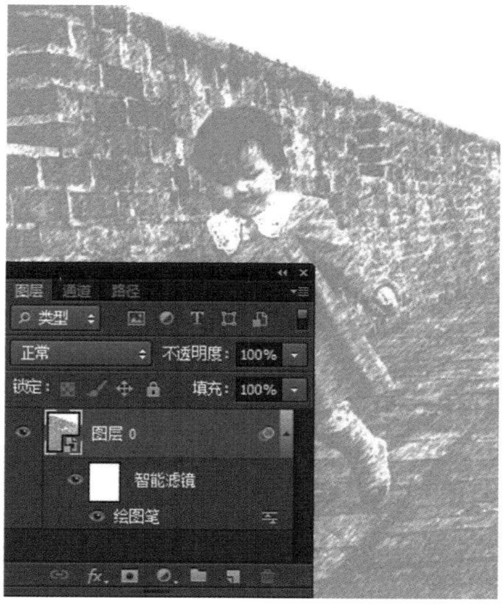

图8-41 删除

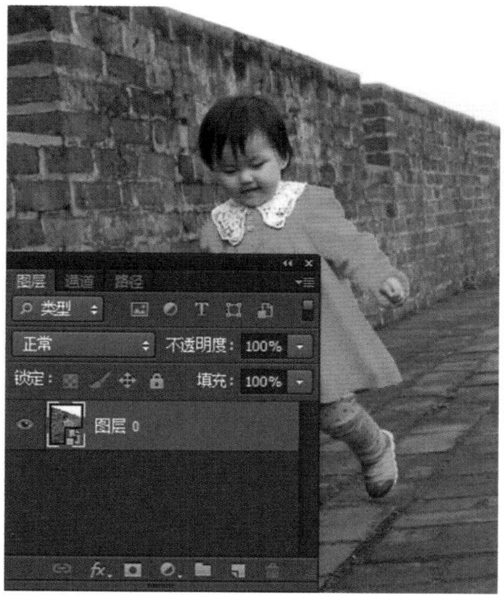

图8-42 删除

第三节 滤镜库

一、滤镜库

单击“滤镜库”命令可打开“滤镜库”对话框（图8-43），“滤镜库”对话框由预览区、滤镜组和参数设置区组成。

1. 预览区。在此预览滤镜效果。

2. 滤镜组/参数设置区。“滤镜库”中包含6组滤镜，单击滤镜前的“展开”按钮，可将滤镜组展开，单击滤镜即可使用该滤镜，参数选项会显示在右侧的参数设置区。

3. 当前选择的滤镜缩览图。在此显示了当前使用的滤镜。

4. 显示/隐藏滤镜缩览图 ⌃。单击该按钮可将滤镜组隐藏起来，再次单击可显示。

5. 弹出式菜单。单击参数设置区中的“展开”按钮 ▷，在下拉菜单中有滤镜库中的所有滤镜，方便查找。

6. 缩放区。单击预览区中的“放大” ⊞或“缩小” ⊟按钮，可调整预览图的显示比例。

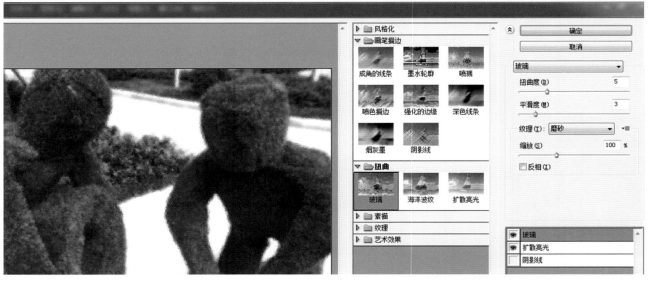

图8-43 "滤镜库"对话框

图8-44 滤镜名称

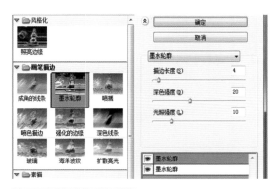

图8-45 新建效果图层

二、效果图层

在"滤镜库"中选择1个滤镜后，滤镜名称会出现在对话框右下角的滤镜列表中（图8-44）。

单击滤镜列表底部的"新建效果图层"按钮 可新建1个效果图层（图8-45），添加效果图层后，可以选取其他滤镜应用到该效果图层，添加多个滤镜可使图像效果更加丰富（图8-46）。

拖动效果图层可以调整堆叠顺序，滤镜效果也会发生变化。选择1个效果图层，单击"删除"按钮 即可删除，单击眼睛图标 ，可隐藏或显示滤镜。

三、制作抽丝效果照片

1. 按快捷键Ctrl+O打开素材中的"素材—第8章—8.3.3制作抽丝效果照片"素材。设置前景色为土黄色（R：108、G：61、B：1）。

2. 单击"滤镜—滤镜库"命令，在"滤镜库"对话框中打开"素描"滤镜组，选择"半调图案"滤镜，设置"图像类型"为"直线"，"大小"为2，"对比度"为6（图8-47）。

3. 单击"滤镜—镜头校正"命令，在打开的"镜头校正"对话框中单击"自定"选项卡，设置"晕影"数量为-100，为照片添加暗角效果（图8-48、图8-49）。

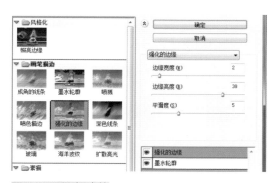

图8-46 添加滤镜

图8-47 参数设置

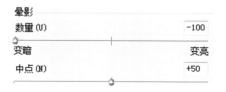

图8-48 参数设置

图8-50 效果显示

图8-51 效果显示

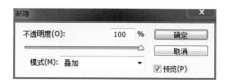

图8-49 参数设置

4. 单击"编辑—渐隐镜头校正"命令，在"渐隐"对话框中设置混合模式为"叠加"（图8-50），效果即能呈现出来（图8-51）。

- 补充要点 -

PhotoshopCC可以安装外挂滤镜，外挂滤镜的安装与一般程序的安装方法基本相同，只是需要将其安装在PhotoshopCC安装目录的Plug-ins文件夹中。安装后运行PhotoshopCC，外挂滤镜就会出现在"滤镜"菜单下。一些容量较小且功能单一的外挂滤镜无需安装，直接复制到Plug-ins文件夹中即可。常见的外挂滤镜有KPT7、Xenofex、EyeCandy、NeatImage等。

课后练习

1. 滤镜分为哪两类?

2. 如果只想对一张图片的某个区域进行滤镜处理该如何操作?

3. 在进行滤镜处理时因为占用了大量内存而导致处理速度变慢该如何解决?

4. 智能滤镜与普通滤镜之间的区别是什么?

5. 如何一次隐藏所有的智能滤镜?

6. 选择一张普通的照片通过滤镜工具将图片制作成手绘的效果。

7. 选择一张自己心仪的图片并将其制作成拼贴的油画效果。

附录 PhotoshopCC快捷键

一、工具箱

（多种工具共用一个快捷键的可同时按
【Shift】加此快捷键选取）
矩形、椭圆选框工具【M】
移动工具【V】
套索、多边形套索、磁性套索【L】
魔棒工具【W】
裁剪工具【C】
切片工具、切片选择工具【K】
喷枪工具【J】
画笔工具、铅笔工具【B】
橡皮图章、图案图章【S】
历史画笔工具、艺术历史画笔【Y】
橡皮擦、背景擦除、魔术橡皮擦【E】
渐变工具、油漆桶工具【G】
模糊、锐化、涂抹工具【R】
减淡、加深、海绵工具【O】
路径选择工具、直接选取工具【A】
文字工具【T】
钢笔、自由钢笔【P】
矩形、圆边矩形、椭圆、多边形、直线【U】
写字板、声音注释【N】
吸管、颜色取样器、度量工具【I】
抓手工具【H】
缩放工具【Z】
默认前景色和背景色【D】
切换前景色和背景色【X】
切换标准模式和快速蒙板模式【Q】
标准屏幕模式、带有菜单栏的全屏模式、全屏模式【F】
跳到ImageReady3.0中【Ctrl】+【Shift】+【M】
临时使用移动工具【Ctrl】
临时使用吸色工具【Alt】
临时使用抓手工具【空格】

二、文件操作

新建图形文件【Ctrl】+【N】
打开已有的图像【Ctrl】+【O】
打开为【Ctrl】+【Alt】+【O】
关闭当前图像【Ctrl】+【W】
保存当前图像【Ctrl】+【S】
另存为【Ctrl】+【Shift】+【S】
存储为网页用图形【Ctrl】+【Alt】+【Shift】+【S】
页面设置【Ctrl】+【Shift】+【P】
打印预览【Ctrl】+【Alt】+【P】
打印【Ctrl】+【P】
退出Photoshop【Ctrl】+【Q】

三、编辑操作

还原／重做前一步操作【Ctrl】+【Z】
一步一步向前还原【Ctrl】+【Alt】+【Z】
一步一步向后重做【Ctrl】+【Shift】+【Z】
淡入/淡出【Ctrl】+【Shift】+【F】
剪切选取的图像或路径【Ctrl】+【X】或【F2】
拷贝选取的图像或路径【Ctrl】+【C】
合并拷贝【Ctrl】+【Shift】+【C】
将剪贴板的内容粘到当前图形中 【Ctrl】+【V】或【F4】
将剪贴板的内容粘到选框中【Ctrl】+【Shift】+【V】
自由变换【Ctrl】+【T】
自由变换复制的像素数据【Ctrl】+【Shift】+【T】
再次变换复制的像素数据并建立副本【Ctrl】+【Shift】+【Alt】+【T】
删除选框中图案或选取的路径【DEL】
用背景色填充所选区域或整个图层【Ctrl】+【BackSpace】或【Ctrl】+【Del】
用前景色填充所选区域或整个图层【Alt】+【BackSpace】或【Alt】+【Del】

弹出"填充"对话框【Shift】+【BackSpace】

从历史记录中填充【Alt】+【Ctrl】+【Backspace】

打开"颜色设置"对话框【Ctrl】+【Shift】+【K】

打开"预先调整管理器"对话框【Alt】+【E】放开后按【M】

打开"预置"对话框【Ctrl】+【K】

显示最后一次显示的"预置"对话框【Alt】+【Ctrl】+【K】

四、图像调整

调整色阶【Ctrl】+【L】

自动调整色阶【Ctrl】+【Shift】+【L】

自动调整对比度【Ctrl】+【Alt】+【Shift】+【L】

打开曲线调整对话框【Ctrl】+【M】

打开"色彩平衡"对话框【Ctrl】+【B】

打开"色相／饱和度"对话框【Ctrl】+【U】

去色【Ctrl】+【Shift】+【U】

反相【Ctrl】+【I】

打开"抽取"对话框【Ctrl】+【Alt】+【X】

打开"液化"对话框【Ctrl】+【Shift】+【X】

五、图层操作

从对话框新建一个图层【Ctrl】+【Shift】+【N】

以默认选项建立一个新的图层【Ctrl】+【Alt】+【Shift】+【N】

通过拷贝建立一个图层（无对话框）【Ctrl】+【J】

从对话框建立一个通过拷贝的图层【Ctrl】+【Alt】+【J】

通过剪切建立一个图层（无对话框）【Ctrl】+【Shift】+【J】

从对话框建立一个通过剪切的图层【Ctrl】+【Shift】+【Alt】+【J】

与前一图层编组【Ctrl】+【G】

取消编组【Ctrl】+【Shift】+【G】

将当前层下移一层【Ctrl】+【[】

将当前层上移一层【Ctrl】+【]】

将当前层移到最下面【Ctrl】+【Shift】+【[】

将当前层移到最上面【Ctrl】+【Shift】+【]】

激活下一个图层【Alt】+【[】

激活上一个图层【Alt】+【]】

激活底部图层【Shift】+【Alt】+【[】

激活顶部图层【Shift】+【Alt】+【]】

向下合并或合并联接图层【Ctrl】+【E】

合并可见图层【Ctrl】+【Shift】+【E】

盖印或盖印联接图层【Ctrl】+【Alt】+【E】

盖印可见图层【Ctrl】+【Alt】+【Shift】+【E】

六、图层混合模式

循环选择混合模式【Shift】+【-】或【+】

正常【Shift】+【Alt】+【N】

溶解Dissolve【Shift】+【Alt】+【I】

正片叠底【Shift】+【Alt】+【M】

屏幕【Shift】+【Alt】+【S】

叠加【Shift】+【Alt】+【O】

柔光【Shift】+【Alt】+【F】

强光【Shift】+【Alt】+【H】

颜色减淡【Shift】+【Alt】+【D】

颜色加深【Shift】+【Alt】+【B】

变暗【Shift】+【Alt】+【K】

变亮【Shift】+【Alt】+【G】

差值【Shift】+【Alt】+【E】

排除【Shift】+【Alt】+【X】

色相【Shift】+【Alt】+【U】

饱和度【Shift】+【Alt】+【T】

颜色【Shift】+【Alt】+【C】

光度【Shift】+【Alt】+【Y】

七、选择功能

全部选取【Ctrl】+【A】

取消选择【Ctrl】+【D】

重新选择【Ctrl】+【Shift】+【D】

羽化选择【Ctrl】+【Alt】+【D】

反向选择【Ctrl】+【Shift】+【I】

载入选区【Ctrl】+点按图层、路径、通道面板中的缩约图

按上次的参数再做一次上次的滤镜【Ctrl】+【F】

退去上次所做滤镜的效果【Ctrl】+【Shift】+【F】

重复上次所做的滤镜（可调参数）【Ctrl】+【Alt】+【F】

八、视图操作

选择彩色通道【Ctrl】+【~】

选择单色通道【Ctrl】+【数字】

选择快速蒙板【Ctrl】+【\】

始终在视窗显示复合通道【~】

以CMYK方式预览（开关）【Ctrl】+【Y】

打开/关闭色域警告【Ctrl】+【Shift】+【Y】

放大视图【Ctrl】+【+】

缩小视图【Ctrl】+【-】

满画布显示【Ctrl】+【0】

实际像素显示【Ctrl】+【Alt】+【0】

向上卷动一屏【PageUp】

向下卷动一屏【PageDown】

向左卷动一屏【Ctrl】+【PageUp】

向右卷动一屏【Ctrl】+【PageDown】

向上卷动10个单位【Shift】+【PageUp】

向下卷动10个单位【Shift】+【PageDown】

向左卷动10个单位【Shift】+【Ctrl】+【PageUp】

向右卷动10个单位【Shift】+【Ctrl】+【PageDown】

将视图移到左上角【Home】

将视图移到右下角【End】

显示／隐藏选择区域【Ctrl】+【H】

显示／隐藏路径【Ctrl】+【Shift】+【H】

显示／隐藏标尺【Ctrl】+【R】

捕捉【Ctrl】+【;】

锁定参考线【Ctrl】+【Alt】+【;】

显示/隐藏"颜色"面板【F6】

显示/隐藏"图层"面板【F7】

显示/隐藏"信息"面板【F8】

显示/隐藏"动作"面板【F9】

显示/隐藏操作界面中除菜单栏外的所有命令面板【TAB】

显示/隐藏操作界面中右侧所有命令面板【Shift】+【TAB】

九、文字处理

（在字体编辑模式中应用）

显示／隐藏"字符"面板【Ctrl】+【T】

显示／隐藏"段落"面板【Ctrl】+【M】

左对齐或顶对齐【Ctrl】+【Shift】+【L】

中对齐【Ctrl】+【Shift】+【C】

右对齐或底对齐【Ctrl】+【Shift】+【R】

左／右选择1个字符【Shift】+【←】/【→】

下／上选择1行

【Shift】+【↑】/【↓】

选择所有字符【Ctrl】+【A】

显示／隐藏字体选取底纹【Ctrl】+【H】

选择从插入点到鼠标点按点的字符　【Shift】加点按左／右

移动1个字符【←】/【→】；下／上移动1行【↑】/【↓】；

左／右移动1个字【Ctrl】+【←】/【→】

将所选文本的文字大小减小2点像素【Ctrl】+【Shift】+【<】

将所选文本的文字大小增大2点像素【Ctrl】+【Shift】+【>】

将所选文本的文字大小减小10点像素【Ctrl】+【Alt】+【Shift】+【<】

将所选文本的文字大小增大10点像素【Ctrl】+【Alt】+【Shift】+【>】

将行距减小2点像素【Alt】+【↓】

将行距增大2点像素【Alt】+【↑】

将基线位移减小2点像素【Shift】+【Alt】+【↓】

将基线位移增加2点像素【Shift】+【Alt】+【↑】

将字距微调或字距调整减小20／1000ems【Alt】+【←】

将字距微调或字距调整增加20／1000ems【Alt】+【→】

将字距微调或字距调整减小100／1000ems【Ctrl】+【Alt】+【←】

参考文献
REFERENCES

［1］ 李金明，李金荣．PhotoshopCS6完全自学教程［M］．北京：人民邮电出版社，2012.

［2］ 王日光．Photoshop蜕变突出色感的人像摄影后期处理攻略［M］．北京：人民邮电出版社，2012.

［3］ 曹培强等．PhotoshopCS5数码人像摄影后期精修108技［M］．北京：科学出版社，2010.

［4］ 司清亮．Photoshop 数码人像精修全攻略［M］．北京：中国铁道出版社，2012.

［5］ 张磊，冯翠芝．Photoshop婚纱与写真艺术摄影后期处理技法［M］．北京：中国铁道出版社，2011.

［6］ 耿洪杰，王凯波．Photoshop人像摄影后期调色实战圣经［M］．北京：电子工业出版社，2012.

［7］ 钟百迪，张伟．Photoshop人像摄影后期调色圣经［M］．北京：电子工业出版社，2011.

［8］ 丁实．Photoshop人像精修专业技法［M］．北京：中国青年出版社，2012.

［9］ 朱印宏．Photoshop人像照片精修技法［M］．北京：石油工业出版社，2010.

［10］ 董明秀．Photoshop人像修饰密码［M］．北京：清华大学出版社，2012.